「もしも？」の図鑑

恐竜時代の大冒険

Great Adventure in the Age of Dinosaurs

監修 ◆ 安藤寿男　著 ◆ 土屋 健

実業之日本社

はじめに

　もしも、恐竜たちの化石に、恐竜たちの記憶が残っていたら？
　もしも、その記憶をとり出して、メタバース（仮想空間）で再現できたら？
　この本は、そんな「もしも？」で再現されたメタバースの世界に入り込んだ1冊です。
　舞台は中生代。「恐竜時代」として知られる時代です。リアルな世界の中生代では、恐竜をはじめとするさまざまな古生物たちが、世界の陸で、海で、空で、ときにははげしい生存競争をくり広げながら、必死に生きていました。
　そうした古生物たちが残したものが、「化石」です。この「もしもの世界」では、その化石から読み取った情報をもとに再現したメタバースにVR技術を駆使して恐竜の時代に入り込みます。視覚だけではなく、さまざまな動きが体感できるロボットに乗って。
　どのような古生物と出あい、その古生物はどのような特徴があるのか。新感覚の『「もしも？」の図鑑』をお楽しみください。

　この本は、茨城大学の安藤寿男名誉教授にご監修いただき、さらに各時代の世界観も執筆していただいております。そして土屋は、古生物各種の解説を担当しました。これらの情報は、いわゆる「古生物の図鑑」としてもお楽しみいただけるはずです。
　みなさんがこの本を読んで、少しでも恐竜時代に思いをはせていただけたらうれしいです。

2024年秋
サイエンスライター

土屋 健

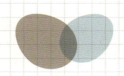

もくじ

はじめに ……………………………………………………… 2

この本の使い方 ……………………………………………… 7

プロローグ　夏休みの大冒険!!　恐竜の記憶の中へ …!? ……… 8

地球の歴史・前編 …………………………………………… 18

第1章　三畳紀の恐竜・古生物

三畳紀中ごろの古テチス海 …………………………… 22

キンボスポンディルス・ヨウンゴルム …………………… 24

ウタツサウルス、ショニサウルス、イクチオタイタン ……… 25

プラコダス、ノトサウルス、ケイチョウサウルス ………… 26

オドントケリス、デスマトスクス、ファソラスクス ………… 27

三畳紀中ごろのパンゲア大陸南部① ………………… 28

サウロスクス ………………………………………………… 30

エオドロマエウス、ヘレラサウルス、スタウリコサウルス、コエロフィシス

…………………………………………………………………… 31

エオラプトル ………………………………………………… 32

シリンガサウルス、タニストロフェウス、レッセムサウルス、タワ … 33

三畳紀中ごろのパンゲア大陸南部② ………………… 34

リソウィキア ………………………………………………… 36

イスチグアラスティア、エウディモルフォドン、プロガノケリス …… 37

3

第2章　ジュラ紀の恐竜・古生物

ジュラ紀後期のテチス海① ···································· 40

ステノプテリギウス、リードシクティス、オフタルモサウルス ········ 42

メトリオリンクス、クリプトクリダス、プリオサウルス ············ 43

ジュラ紀後期の羽毛恐竜と原始鳥類 ······················· 44

アルカエオプテリクス ·· 46

ディロフォサウルス、シンラプトル、イー ························ 47

ジュラ紀後期、ジュンガルの森の湿地帯 ···················· 48

ランフォリンクス ·· 50

リムサウルス、ブラキトラケロパン、クテノカスマ ················ 51

ジュラ紀後期のテチス海② ···································· 52

グアンロン ·· 54

アンテトニトルス、セリコルニス、コンプソグナトゥス ············ 55

ジュラ紀後期、森での闘い ···································· 56

マメンチサウルス ·· 58

リンウーロン、ブラキオサウルス、エウロパサウルス ············ 59

ダーウィノプテルス、アンキオルニス ···························· 60

アパトサウルス、カマラサウルス、ディプロドクス ················ 61

ジュラ紀後期のアメリカ西部 ·································· 62

アロサウルス ·· 64

スクテロサウルス、スケリドサウルス、ミラガイア ················ 65

ジュラ紀後期の地層からわかる ································ 66

ステゴサウルス ·· 68

ティアンユロング、クリンダドロメウス、インロン································ 69

ギラッファティタン ·· 70

ジュラマイア、カストロカウダ、ヴォラティコテリウム ··············· 71

第3章　白亜紀の恐竜・古生物

白亜紀前期、ブラジルの空································· 74

カルカロドントサウルス、フクイプテリクス、ナジャシュ ············· 76

ミクロラプトル、ジェホロルニス、コンフキウソルニス ················· 77

白亜紀前期、中国東北部の森····················· 78

ユティラヌス ··· 80

ヴェロキラプトル、アルヴァレツサウルス、ヘスペロルニス ············· 81

レペノマムス ··· 82

ギガノトサウルス、マプサウルス、アルバートサウルス ··············· 83

白亜紀中ごろ、北アフリカの海岸················· 84

スピノサウルス ··· 86

リトロナクス、メラクセス／**スピノサウルスのふたつの説**········· 87

白亜紀後期、北アメリカ西部内陸海路①········· 88

ケツァルコアトルス ··· 90

ツパンダクティルス、アンハングエラ、ニクトサウルス ··············· 91

白亜紀後期、北アメリカ西部内陸海路②········· 92

メガプテリギウス ··· 94

ティロサウルス、プリオプラテカルプス、モササウルス ··············· 95

フタバサウルス ··· 96

アクイロラムナ、クレトキシリナ、アーケロン ……………………… 97

白亜紀後期、アジア大陸モンゴルの乾燥地帯 ……………… 98

ボレアロペルタ ………………………………………………… 100

プテラノドン、クリオドラコン、カムイサウルス、オルニトミムス …… 101

シアッツ ………………………………………………………… 102

アマルガサウルス、ニジェールサウルス、タルボサウルス ……… 103

ティラノサウルス ………………………………………………… 104

イグアノドン、パタゴティタン、アルゼンティノサウルス、ニッポノサ

ウルス …………………………………………………………… 105

白亜紀末期、アメリカ西部ララミディア大陸 ……………… 106

デイノケイルス …………………………………………………… 108

プシッタコサウルス、ズール、アンキロサウルス、エドモントサウルス

…………………………………………………………………… 109

プロトケラトプス ………………………………………………… 110

カスモサウルス、パキケファロサウルス、トリケラトプス ………… 111

地球の歴史・後編 …………………………………………… 112

エピローグ　恐竜時代の終わり　地球と生き物の未来に向けて

…………………………………………………………………… 116

さくいん ………………………………………………………… 120

おわりに ………………………………………………………… 123

参考資料 ………………………………………………………… 124

この本の使い方

❶ 時代と自然環境の解説
❷ 子どもたちの感想
❸ この時代に生きていた恐竜・古生物と解説ページ数

❹ この時代を代表する恐竜・古生物とその解説
❺ T-Rideのコックピット情報
　PERIOD＝時代
　MODE＝T-Rideのギア設定
　FORM＝T-Rideの対応形態
❻ この時代の恐竜・古生物たちとその解説
❼ 分類名

▶▶▶ 恐竜とよばれるのは

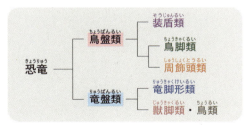

獣脚類にはティラノサウルス類（グアンロンなど）、装盾類には剣竜類（ステゴサウルスなど）と鎧竜類（アンキロサウルスなど）、周飾頭類には角竜類（トリケラトプスなど）と堅頭竜類（パキケファロサウルスなど）がふくまれます。
クビナガリュウ類（フタバサウルスなど）や翼竜（プテラノドンなど）、魚竜（キンボスポンディルス・ヨウンゴルムなど）、モササウルス類は恐竜には属しません。

地球の歴史・前編

恐竜の時代

中生代とは

　地球が誕生して約46億年のなかで、「恐竜の時代」とよばれる時代は「中生代」（約2.52億年前〜約6600万年前）で、三畳紀、ジュラ紀、白亜紀に分けられます（112ページ）。
　この時代は恐竜が地球の陸上生態系を支配し、鳥類の祖先も出現しました。また、最初のほ乳類や花を咲かせる被子植物も進化しました。
　三畳紀には、乾燥した大陸性気候が広がっており、パンゲア大陸の内部は非常に乾燥していました。ジュラ紀に入りパンゲア大陸の分裂がはじまると、温暖な気候となり、海水面が上昇、熱帯・亜熱帯の森林が発達しました。
　白亜紀にはさらに温暖な気候が続き、海水温も気温も現在より高く、極地でも温暖な環境が広がっていたというのが定説です。地殻変動や火山活動も活発で、巨大な海底火山から火山ガスとして二酸化炭素が大量に放出されて、二酸化炭素濃度が非常に高くなりました。そのため、温室効果が強くはたらいた、とても温暖な時期でした。

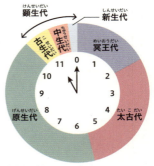

▲地球の歴史を時計であらわすと

パンゲア大陸とその分裂

　古生代の終わりごろにできたパンゲア大陸は、ジュラ紀に入るとプレートテクトニクスによる活動で南のゴンドワナと北のローラシアに分かれ、さらに分裂が続きます。その間のテチス海には、赤道を一周するあたたかい海流が流れ、あたたかい浅い海には海洋生物が繁栄しました。
　白亜紀の終わりごろには、現在の大陸の配置に近くなります。

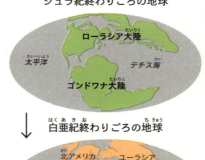

中生代の植生

　乾燥した気候が続いた三畳紀には、シダ植物や裸子植物がおもな陸上植物でした。特に、イチョウ類やソテツ類などの裸子植物が繁栄しました。
　ジュラ紀にも、裸子植物が引き続き栄えました。特に針葉樹（マツやスギなど）が大きく成長し、多様化しました。
　白亜紀初期には、被子植物（花のある植物）が出現しはじめたと考えられており、白亜紀後期に被子植物は大きく進化、多様化しました。被子植物の出現と多様化によって、植物界だけでなく、昆虫やそれをえさとする動物の多様化も進みました。

白亜紀末期の気候変動から新生代へ

　白亜紀末期（約6600万年前）は、劇的な気候変動が発生した時期です。この変動は、大規模な火山活動と小惑星の衝突がおもな原因とされています。
　インドのデカン高原での大規模な火山噴火（デカントラップ）は、大量の二酸化炭素や硫黄ガスを放出し、温室効果を強めて地球を温暖化させました。また、小惑星が現在のメキシコのユカタン半島に衝突し、衝撃による火災が原因で、大気中へ大量のちりやエアロゾルが放出されました。これにより、太陽光がさえぎられ、地球は急激に寒冷化したと考えられています。
　この急激な気候変動により、植物は光合成が活発でなくなり、ほかの生物との食物連鎖がくずれ、多くの生物種が絶滅しました。特に、大型恐竜をふくむ多くの動植物が絶滅したことが知られています。
　そして、地球は新たな時代「新生代」へと姿を変えていきます。

現在のユカタン半島（メキシコ）に小惑星が衝突

恐竜の誕生前、絶滅後の歴史はP112〜 ▶

第1章
三畳紀の恐竜・古生物
——恐竜時代のはじまり

　三畳紀はペルム紀末の大絶滅後からはじまります。この三畳紀にはじめてあらわれたといわれている恐竜は、小型で二足歩行の肉食恐竜でした。恐竜がたくさんいた時代ではありませんでしたが、このあとに続くジュラ紀の恐竜の進化に大きく影響をあたえることになります。

三畳紀中ごろの古テチス海
手足がヒレになっていない原始的な鰭竜類

ノトサウルス
（26ページ）

わー、いきなりこわいよ

第1章 三畳紀の恐竜・古生物

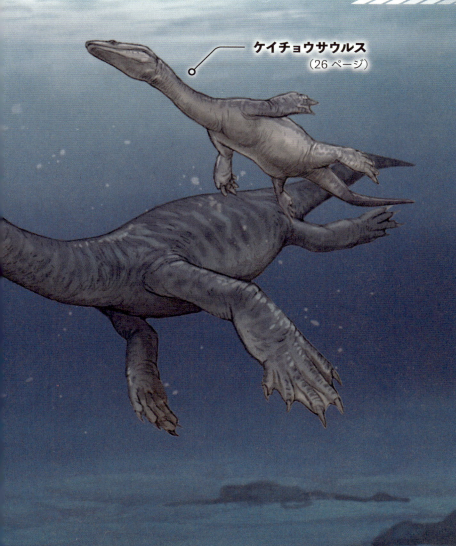

ケイチョウサウルス
（26ページ）

三畳紀は、超大陸パンゲアの時代で、ヨーロッパから中国にかけては巨大な湾の古テチス海の北岸に位置し、あたたかい海が広がっていました。古生代ペルム紀末の海洋生物の大量絶滅のあと、三畳紀中ごろになると海洋生物は多様化し、爬虫類も海に進出しました。その代表が三畳紀末までに絶滅してしまった、ノトサウルスやケイチョウサウルスです。手足の指の間に膜があってヒレにはなっていませんが、鰭竜類（手足がヒレに進化した爬虫類）の原始的な仲間です。群れで行動するケイチョウサウルスをノトサウルスがつかまえようとしています。

見た目はスタイリッシュなイルカ
キンボスポンディルス・ヨウンゴルム

魚竜類

001
Cymbospondylus youngorum

T-RIDE Data

PERIOD
Middle Triassic

MODE
D mode

FORM
Water

◆全長　約18m
◇化石産地　アメリカ

最大級の魚竜類です（魚竜類は海にすんでいた爬虫類のひとつ）。化石は頭骨などの一部しか見つかっていませんが、その頭骨だけでも2mの大きさがありました。全長3mほどの魚竜類である「ウタツサウルス（25ページ）」が登場してからわずか200万年後にあらわれました。その大型化のスピードが大きく注目されています。

第1章 三畳紀の恐竜・古生物

ウタツサウルス
Utatsusaurus

魚竜類

◆**全長** 約3m
◇**化石産地** 日本（宮城県）、カナダ

三畳紀はじめごろ、海にすんでいました。細長い体が特徴で、ヒレのなかには「指の形の骨」がありました。これは、祖先が陸上にいたときの"なごり"です。体を現在のウナギのようにくねらせて泳いでいたようです。

002

魚竜類

ショニサウルス
Shonisaurus

◆**全長** 約15m（？）
◇**化石産地** アメリカ、イタリア

三畳紀を代表する大型の魚竜。ただし、発見された化石は部分的なものばかりで、ほんとうのサイズについてはよくわかっていません。21mもの大きさだったという説もあります。子どものころだけ、口に歯があったようです。

003

イクチオタイタン
Ichthyotitan

魚竜類

◆**全長** 約20〜25m
◇**化石産地** イギリス

三畳紀の終わりごろの海に生息していた、「最後の大型魚竜類」です。ジュラ紀以降の海にもたくさんの魚竜類が登場しますが、10m以上の大型種はあらわれませんでした。

004

25

プラコダス
Placodus

板歯類

- ◆ 全長　約1.5m
- ◇ 化石産地　ドイツ、イスラエルほか

海にすみ、ずんぐりした体型をしていました。口の先に細い歯があり、なかにはまんじゅうをつぶしたような平たい歯が並んでいます。この歯を使って、貝ガラや海藻をすりつぶして食べていた「板歯類」とよばれる絶滅爬虫類の代表です。

005

ノトサウルス
Nothosaurus

鰭竜類

- ◆ 全長　約7m（？）
- ◇ 化石産地　世界各地

「クビナガリュウ類」（96ページ）に近い、海にすむ絶滅爬虫類のひとつです。全長が5〜7mの大型だったとみられています。鋭い前歯で攻撃し、奥の歯で獲物をくわえていたと考えられています。手足には指がありました。

006

ケイチョウサウルス
Keichousaurus

鰭竜類

- ◆ 全長　約30cm
- ◇ 化石産地　中国

「クビナガリュウ類」に近い、海にすむ小さな絶滅爬虫類のひとつです。手足には指がありますが、細くて弱々しいつくりでした。妊娠したままの化石が発見されていて、卵ではなく、赤ちゃんを直接産む「胎生」だったことがわかっています。

007

第1章 三畳紀の恐竜・古生物

オドントケリス
Odontochelys

カメ類

- ◆全長　約40cm
- ◇化石産地　中国

最初期のカメ類で、のちの時代の仲間たちとはちがい、甲羅は腹側にしかありません。また、口に小さな歯が並んでいることも特徴です（現在のカメ類の口には、歯はありません）。すんでいた場所は水中か陸上かよくわかっていません。

008

偽鰐類

デスマトスクス
Desmatosuchus

- ◆全長　約4.5m
- ◇化石産地　アメリカ

ヨロイのように背中に骨の板が並んでいました。肩には大きなトゲもあり、全体的に防衛のための武装化がみられる、めずらしい偽鰐類です。昆虫食、あるいは、昆虫食と植物食の雑食だったようです。

009

ファソラスクス
Fasolasuchus

- ◆全長　約10m（？）
- ◇化石産地　アルゼンチン

サウロスクス（30ページ）などに近い仲間です。そのなかでは、最後に登場しました。化石は部分的にしか残っていませんが、かなり大型だったようです。

偽鰐類

010

27

三畳紀中ごろのパンゲア大陸南部①
陸上の覇者・最古の大型肉食恐竜

南米アルゼンチン北西部のアンデス山脈のふもとには、三畳紀中ごろのイスチグアラスト層という、最も古い恐竜や恐竜と共存していた爬虫類の化石がたくさん保存のよい状態で見つかる重要な地層があります。この地域はユネスコの世界遺産にも登録されていて、最古の恐竜の仲間がいくつも見つかっています。なかでもヘレラサウルスは最古の大型肉食恐竜でした。ヘレラサウルスにおそわれていた体格のよいイスチグアラスティアは、ほ乳類の祖先にあたる単弓類のディキノドン類で、2つの牙がある植物食に適した歯をもっていました。

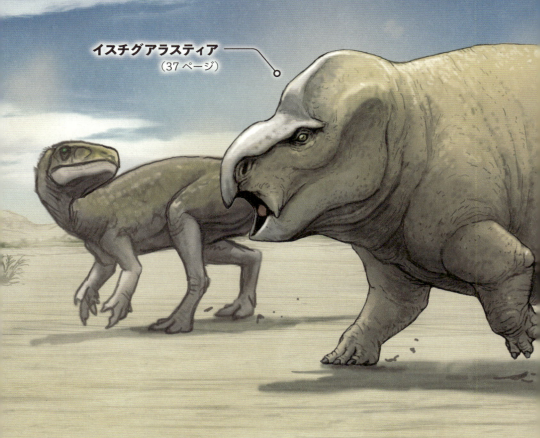

イスチグアラスティア
（37ページ）

最強の四つ足ティラノ？
サウロスクス

偽鰐類

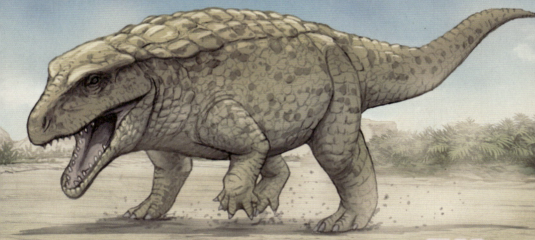

T-RIDE Data

PERIOD　Late Triassic
MODE　D mode
FORM　Land

011
Saurosuchus

◆ 全長　約7m
◇ 化石産地　アルゼンチン

三畳紀の陸上世界ではかなり大型の肉食動物のひとつです。大きな頭は、高さも幅もあり、とてもがっしりとしたつくりです。口には太い歯が並んでいて、まるで白亜紀末の肉食恐竜のティラノサウルス（104ページ）のようながっしりとした頭部でした。手足もがっしりとしていて、三畳紀後期の陸上世界の頂点に君臨した「トップ・プレデター（最強の捕食者）」のひとつだったとされています。

第1章 三畳紀の恐竜・古生物

エオドロマエウス
Eodromaeus

◆全長　約1m
◇化石産地　アルゼンチン

> 獣脚類

知られているなかでは、最も古い獣脚類のひとつです。のちの時代の獣脚類と同じように、歯のふちがギザギザのステーキナイフ状の「鋸歯」をもち、頸椎のなかには空洞があるなどの特徴をすでにもっていました。

012

ヘレラサウルス
Herrerasaurus

◆全長　約4.5m
◇化石産地　アルゼンチン

> 獣脚類

こちらも最も古い獣脚類のひとつです。下アゴの関節をもつなどのちがいがあり、「獣脚類」に分類してよいかどうかはわかっていません。サイズは6mまで成長したのではないかともいわれています。

013

スタウリコサウルス
Staurikosaurus

◆全長　約2.1m
◇化石産地　ブラジル

> 獣脚類

エオドロマエウスなどと並ぶ最も古い獣脚類のひとつ。アルゼンチンに近いブラジルから発見されています。ヘレラサウルスに近い種類と考えられていますが、部分的な化石しか見つかっていないため、くわしいことはわかっていません。

014

コエロフィシス
Coelophysis

◆全長　約3m
◇化石産地　アメリカ

> 獣脚類

子どもからおとなまでの数百体の化石が同じ場所から発見されているため、大きな群れをつくっていたとみられています。その一方、ぐうぜん同じ場所に化石が集まっただけかもしれない、ともいわれています。

015

31

最古の竜脚形類のひとつとされる
エオラプトル

竜脚形類

016
Eoraptor

◆全長 約1.7m
◇化石産地 アルゼンチン

学名は、「夜明けの略奪者」の意味で、発見されたときは「肉食性の獣脚類」とみられていたため、この名前がつけられました。しかしその後、研究が進むと、奥歯はたしかに肉食性の形ですが、口先の方の歯は植物食性の形とわかりました。そのため現在では、のちにたくさん出現する大型の植物食恐竜の竜脚形類に分類され、「最も古い竜脚形類」のひとつとされています。

T-RIDE Data

PERIOD
Late Triassic

MODE
D mode

FORM
Land

第 1 章　三畳紀の恐竜・古生物

シリンガサウルス
Shringasaurus

- ◆全長　約3.6m
- ◇化石産地　インド

「アロコトサウルス類」という、絶滅した爬虫類のグループに分類されます。植物食性で、オスは前をむいた1対2本のツノが特徴です。このツノは、メスをめぐる争いなどで使われていたと考えられています。

＜アロコトサウルス類＞

017

＜プロラケルタ類＞

タニストロフェウス
Tanystropheus

- ◆全長　約6m
- ◇化石産地　ドイツ、スイス、中国ほか

絶滅した爬虫類のひとつです。全長の半分以上を占める首は、成長にともなって長くなり、歯の形も変化しました。子どもとおとなでは獲物を変え、おもに、海岸に近い海域でくらしていたようです。

018

レッセムサウルス
Lessemsaurus

- ◆全長　約18m
- ◇化石産地　アルゼンチン

三畳紀の終わりごろにあらわれ、三畳紀の陸上動物のなかでは最大級でした。のちの時代の竜脚形類と同じように長い尾がありましたが、それらとはちがって首は短く、細い体つきでした。

＜竜脚形類＞

019

＜獣脚類＞

タワ
Tawa

- ◆全長　約2.5m
- ◇化石産地　アメリカ

体つきはほっそりとしていました。コエロフィシス（31ページ）に近い種類です。コエロフィシスよりも原始的で、少し前の時代を生きていました。ヘレラサウルス（31ページ）などとも多くの共通点があります。

020

33

三畳紀中ごろのパンゲア大陸南部②
覇権を争う、最強の爬虫類と最初の恐竜

エオドロマエウス
（31 ページ）

エオラプトル
（32 ページ）

パンゲア大陸南部に位置した南米アルゼンチンには、三畳紀中ごろには大陸気候のやや冷涼で乾燥した河川平野が広がっていました。大型爬虫類が生息するには十分な植生もありました。その生態系の頂点に立つ強力な捕食者は恐竜でなく、ワニ類に近い偽顎類のサウロスクスでした。エオドロマエウス（獣脚類）やエオラプトル（竜脚形類）のような出現したばかりの恐竜はまだ小型で、サウロスクスにはとてもかないませんでした。恐竜はまだ陸上の覇者ではなかったのです。

第1章 三畳紀の恐竜・古生物

三畳紀最大の巨体
リソウィキア

※ディキノドン類

単弓類※

021

Lisowicia

◆全長　約4.5m
◇化石産地　ポーランド

イスチグアラスティア（37ページ）より数百万年以上のちの単弓類。イスチグアラスティアを超えるその巨体の体重は、9トン！　三畳紀末までの単弓類の約1億年の歴史のなかで、リソウィキアは最大級でした。そして、リソウィキアを最後に中生代の間は、こうした大型の単弓類はあらわれません。大型の単弓類があらわれるのは、単弓類の1グループとして進化した大型のほ乳類が登場する新生代です。

T-RIDE Data

PERIOD
Late Triassic

MODE
D mode

FORM
Land

第 1 章　三畳紀の恐竜・古生物

イスチグアラスティア
Ischigualastia

◆全長　約 3 m
◇化石産地　アルゼンチン

大きなクチバシとがっしりとした体が特徴の単弓類（ほ乳類と、それに近いグループ）です。三畳紀では、このサイズの単弓類はめずらしく、これ以上の種類はほとんど見つかっていません。植物食性でした。

単弓類
※ディキノドン類

022

エウディモルフォドン
Eudimorphodon

◆翼開長　約 1 m
◇化石産地　イタリア

最も初期の翼竜。口先の歯は円錐形で、口の奥の歯には、3 つから 5 つの咬頭（歯の高い部分）がありました。「エウディモルフォドン」という名前には、「真の 2 タイプの歯」という意味があります。魚食性でした。

翼竜類

023

プロガノケリス
Proganochelys

カメ類

◆甲長　約 50 cm
◇化石産地　アメリカ、ドイツ、タイほか

オドントケリス（27 ページ）が発見されるまでは、「最も古いカメ」といわれていました。がっしりとした四肢が特徴で、陸にすんでいたカメです。甲羅には厚みがなく、なかに手足を引っ込めることはできませんでした。

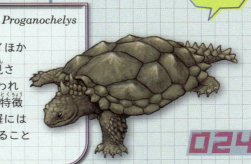

024

37

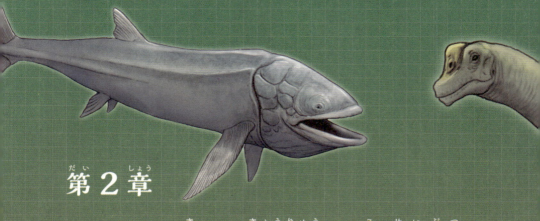

第2章
ジュラ紀の恐竜・古生物
―― 巨大恐竜あらわる

ジュラ紀になると恐竜は大型化していきました。肉食恐竜だけでなく、想像を絶するほど巨大な植物食恐竜があらわれはじめたことがジュラ紀の特徴のひとつでもあります。
この時代に初期の鳥類も出現し、恐竜から進化していきました。

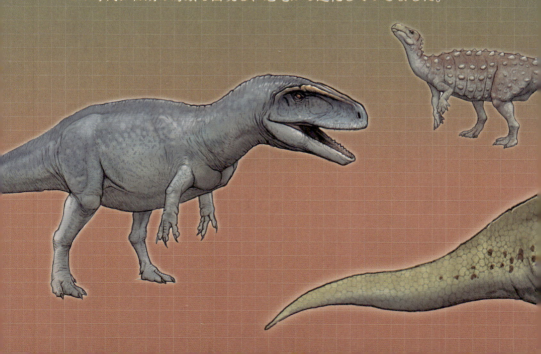

ジュラ紀後期のテチス海 ①
海の覇者、海生大型爬虫類たち

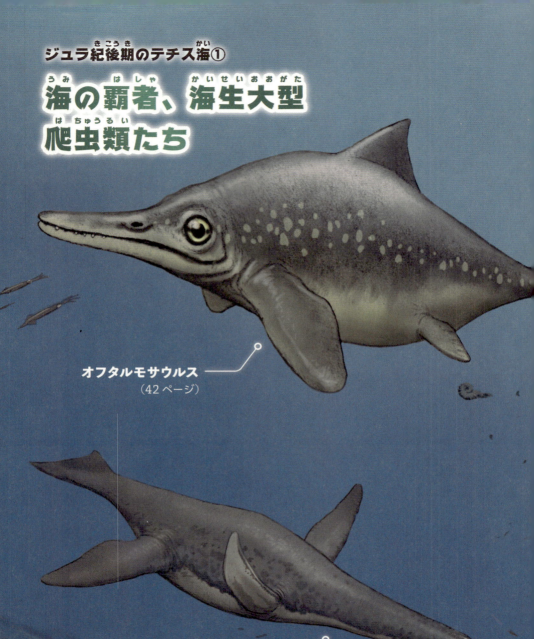

オフタルモサウルス
（42ページ）

クリプトクリダス
（43ページ）

第 2 章　ジュラ紀の恐竜・古生物

いろんな種類がいるね！

メトリオリンクス
（43 ページ）

　ジュラ紀後期のヨーロッパは、ジュラ紀前期にパンゲア大陸が分裂してできた中央大西洋北部のローラシア大陸にあり、浅くあたたかいテチス海の西部に位置していました。その海を支配していたのは、流線型の体の大型爬虫類です。三畳紀から栄えた魚竜、ジュラ紀になって登場したクビナガリュウ、そして、ジュラ紀後半だけに海へ進出したワニ類の仲間であるメトリオリンクス類です。彼らはアンモナイトやベレムナイトのような頭足類（オウムガイやイカ、タコなど）や、原始的な真骨魚類※をえさにしていました。

※現存する魚のなかで一番多い魚類。スズキやマグロ、イワシなどもふくまれる。

41

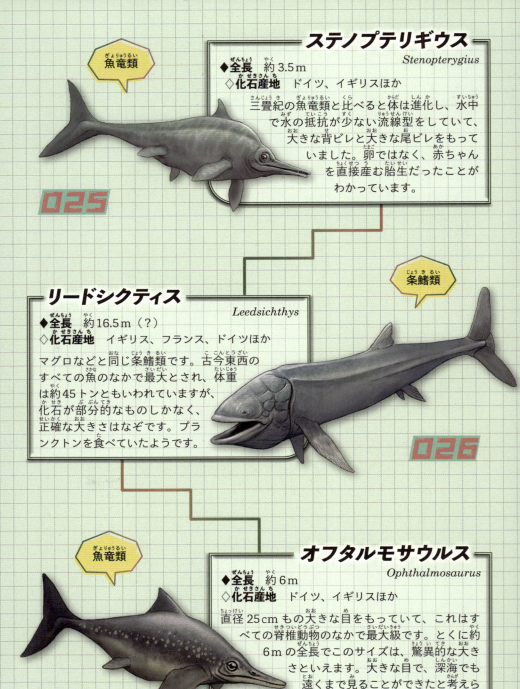

ステノプテリギウス
Stenopterygius

魚竜類

◆ 全長　約 3.5m
◇ 化石産地　ドイツ、イギリスほか

三畳紀の魚竜類と比べると体は進化し、水中で水の抵抗が少ない流線型をしていて、大きな背ビレと大きな尾ビレをもっていました。卵ではなく、赤ちゃんを直接産む胎生だったことがわかっています。

025

リードシクティス
Leedsichthys

条鰭類

◆ 全長　約 16.5m（?）
◇ 化石産地　イギリス、フランス、ドイツほか

マグロなどと同じ条鰭類です。古今東西のすべての魚のなかで最大とされ、体重は約 45 トンともいわれていますが、化石が部分的なものしかなく、正確な大きさはなぞです。プランクトンを食べていたようです。

026

オフタルモサウルス
Ophthalmosaurus

魚竜類

◆ 全長　約 6m
◇ 化石産地　ドイツ、イギリスほか

直径 25cm もの大きな目をもっていて、これはすべての脊椎動物のなかで最大級です。とくに約 6m の全長でこのサイズは、驚異的な大きさといえます。大きな目で、深海でも遠くまで見ることができたと考えられています。

027

第2章 ジュラ紀の恐竜・古生物

メトリオリンクス
Metriorhynchus

ワニ形類

- ◆ **全長** 約3m
- ◇ **化石産地** イギリス、フランス、チリほか

ワニ類に近い仲間ですが、ワニ類とはちがい、背中にウロコ（鱗板骨）はなく、手足はヒレのようになっていて、尾の先には三日月型の尾ビレもありました。海を泳ぎ回り、魚や頭足類を食べていたようです。

028

クビナガリュウ類

クリプトクリダス
Cryptoclidus

- ◆ **全長** 約5.5m
- ◇ **化石産地** イギリス、フランス、チリほか

フタバサウルス（96ページ）のようなのちの仲間たちと比べると、首はあまり長くありません。口に並ぶ歯は、とくに口先で大きくなっていて、口の外側にむかって生えていました。

029

クビナガリュウ類

プリオサウルス
Pliosaurus

- ◆ **全長** 約13m
- ◇ **化石産地** イギリス、フランス、ロシアほか

首は短く、頭部が大きいという特徴があります。こうしたクビナガリュウ類は、「首の短いクビナガリュウ」ともよばれています。多くの種類がいて、全長が13mの大型のものや、白亜紀のものもいました。

030

43

ジュラ紀後期の羽毛恐竜と原始鳥類
テチス海の浜辺は楽園？

アルカエオプテリクス
（46ページ）

第 2 章　ジュラ紀の恐竜・古生物

ジュラ紀後期のドイツとフランスには亜熱帯の静かな内湾が広がり、砂浜には小型獣脚類のコンプソグナトゥスがかたいカラをもったカブトガニ（リムルス）と遊んでいたようです。それを原始的な鳥類のアルカエオプテリクスが見ています。今ではどちらも非常に近い仲間であることがわかっています。

これらの化石は、「石版石石灰岩」とよばれる、うすい板のように割れる石灰岩から発見され、羽毛や胃の中身、はい回りあとなどがよく保存されていて、生きていたときのようすを想像することができます。

青い空と砂浜が
きもちよさそう

コンプソグナトゥス
（55 ページ）

始祖鳥の名で知られる
アルカエオプテリクス

鳥類

031
Archaeopteryx

◆全長　約50cm
◇化石産地　ドイツ

「最も原始的な鳥類」とされています。脳や腕の骨は、"飛行むき"だったとみられていますが、羽ばたくための筋肉は発達していなかったともいわれています。そのため、飛行能力についてくわしいことはわかっていません。また、「色」について分析が進んでいる数少ない恐竜のひとつでもあり、その羽根は黒色と明るい色だったことがわかっています。日本語で「始祖鳥」とよばれています。

T-RIDE Data

PERIOD
Late Jurassic

MODE
Lo mode

FORM
Sky / Water

第 2 章　ジュラ紀の恐竜・古生物

ディロフォサウルス
Dilophosaurus

獣脚類

- ◆全長　約7m
- ◇化石産地　アメリカ

頭の上にある2枚1組のトサカが特徴です。両腕の肩から指先まで、合計8カ所ものケガがあった化石が見つかっています。ケガの原因はわかっていませんが、重傷にもかかわらず、生き続けていたようです。

032

獣脚類

シンラプトル
Sinraptor

- ◆全長　約8m
- ◇化石産地　中国

ジュラ紀の中国を代表する大型の獣脚類です。細い頭と体つきで、やや長い前足の肉食恐竜でした。中国の恐竜ですが、同時期のアメリカに生息していたアロサウルス（64ページ）に近い種類とされています。

033

イー
Yi

獣脚類

- ◆全長　約60cm
- ◇化石産地　中国

まるでコウモリのような「皮膜でできた翼」をもっています。獣脚類には、鳥類のような「羽根でできた翼」のほかに、イーのような翼をもつ種類がいくつかいました。この短い名前は、中国語で「翼」という意味です。

034

47

ジュラ紀後期、ジュンガルの森の湿地帯
沼に生きうめになった小型獣脚類

水たまりは恐竜の足あとだって！

リムサウルス
（51ページ）

第 2 章　ジュラ紀の恐竜・古生物

中国北西部の天山山脈とアルタイ山脈にはさまれたジュンガル盆地は、現在は広大な砂漠になっていますが、ジュラ紀後期にはうっそうとした森林が広がっていました。あるとき、トクサやシダが生える湿地帯の沼地にはまって動けなくなったリムサウルスを、グアンロンがおそおうとしています。あたかい雨の多い夏におきた事件です。どちらも小型の獣脚類ですが、大型竜脚類のマメンチサウルスの大きな足あとのなかにリムサウルス、その上にグアンロンの化石が見つかったことから、ともだおれして生きうめになったのかもしれません。

グアンロン
(54 ページ)

トゲトゲの鋭い歯
ランフォリンクス

翼竜類

035
Rhamphorhynchus

◆翼開長　約1.6m
◇化石産地　ドイツ、ポルトガルほか

ジュラ紀を代表する翼竜類です。尾の先端はうちわのようになっています。この"うちわ"は、成長にともなって形が変わったことがわかっています。また、口先も成長するにつれて細長くなり、歯も鋭く大きくなりました。目の部分の化石の研究から、夜行性だったともいわれています。魚やコウモリダコなどをおそっていたようです。

T-RIDE Data

PERIOD　Late Jurassic
MODE　D mode
RANK　Sky

第 2 章　ジュラ紀の恐竜・古生物

リムサウルス
Limusaurus

- ◆ 全長　約2m
- ◇ 化石産地　中国

獣脚類

グアンロン（54ページ）とともに、化石がマメンチサウルス（58ページ）の足あとから見つかりました。子どものころは歯があり、成長するとなくなりました。歯がなくなってからは、植物を食べていたようです。群れをつくっていたともいわれています。

036

ブラキトラケロパン
Brachytrachelopan

- ◆ 全長　約10m
- ◇ 化石産地　アルゼンチン

竜脚類

竜脚類としては首が短いことが特徴です。多くの竜脚類は、胴体よりも長い首をもちますが、ブラキトラケロパンの首は、胴体よりも短いものでした。うっそうとした森林のなかを歩いていたのではないかとみられています。

037

クテノカスマ
Ctenochasma

- ◆ 翼開長　約1.2m
- ◇ 化石産地　ドイツ、フランス

翼竜類

上下のアゴに、合計400本以上の細長い歯がびっしりと並んでいました。この歯で小さな魚や甲殻類などを水ごとすくい、水をこして食べていたようです。やわらかいトサカをもっていたともいわれています。

038

51

第２章　ジュラ紀の恐竜・古生物

クテノカスマ
（51 ページ）

　ジュラ紀後期のヨーロッパの海は、外海からへだてられた広大なラグーン（内海）になっていて、いくつかの島がありました。爬虫類の仲間である翼竜たちは滑空しながら獲物を探し、現在ほどではありませんが、ジュラ紀に多様化した魚類や、海面近くの生き物を捕食していました。翼竜たちは現在の鳥類のように長く飛ぶ能力はなかったので、ときどき島などで休息をしていました。湿地帯の地層からは足あと化石が見つかっており、歩くこともできたことがわかっています。

トサカの恐竜と命名された
グアンロン

※ティラノサウルス類

獣脚類※

T-RIDE Data

PERIOD
Late Jurassic

MODE
Hi mode

FORM
Land

039
Guanlong

◆全長　約3.5m
◇化石産地　中国

のちのティラノサウルス（104ページ）などをふくむ「ティラノサウルス類」の初期の種類です。1枚の厚みのないトサカが頭部にありました。ティラノサウルス類の仲間たちと比べると小型であるほかに、頭が小さいこと、前脚が長いこと、前足に3本の指があることなどのちがいがありました。リムサウルス（51ページ）とともに、マメンチサウルス（58ページ）の足あとのなかから化石が発見されています。

第2章　ジュラ紀の恐竜・古生物

アンテトニトルス
Antetonitrus

竜脚類

◆**全長**　約13m
◇**化石産地**　南アフリカ

竜脚形類のなかの「竜脚類」に属し、竜脚類のなかでは最も古い種類のひとつです。のちの竜脚類は前足も"歩行専用"でしたが、アンテトニトルスは前足で物をつかむことができました。ジュラ紀初期の地層から化石が発見されています。

040

セリコルニス
Serikornis

獣脚類

◆**全長**　約45cm
◇**化石産地**　中国

腕と脚に翼がある「四翼恐竜」のひとつです。この翼の羽根は軽くもなく、かたくもなく、飛行に使うことはできなかったとみられています。一生を地上ですごし、羽根は体温を保つためのものだったのではないかと考えられています。

041

コンプソグナトゥス
Compsognathus

獣脚類

◆**全長**　約1.2m
◇**化石産地**　ドイツ、フランス

骨格は、同じ地域から見つかったアルカエオプテリクス（46ページ）とよく似ていますが、コンプソグナトゥスの化石には、アルカエオプテリクスのような翼は確認されていません。「コンピー」の愛称があります。

042

55

第2章 ジュラ紀の恐竜・古生物

ジュラ紀後期、森での闘い
獣脚類、最大級の竜脚類をおそう

ジュラ紀後期、中国北西部のジュンガル地方の盆地には豊かな森が広がり、湿地帯には豊富な植物がたまって、石炭のもとになる厚い泥炭の層ができていました。ジュンガル盆地は石炭や石油の産地として知られています。この豊かな森には、地球史上最大級の植物食恐竜のマメンチサウルスをはじめとする、多様な恐竜たちが生息していました。獣脚類で最も大型のシンラプトルは、マメンチサウルスを追いかけて獲物にしていたかもしれません。

57

高い木に対応した長い首
マメンチサウルス

竜脚類

T-RIDE Data

PERIOD
Middle Jurassic

Lo mode

FORM
Land

049

Mamenchisaurus

◆ 全長　約35m（？）
◇ 化石産地　中国

パタゴティタンやアルゼンチノサウルス（ともに105ページ）と並ぶ史上最大級の陸上動物のひとつです。パタゴティタンなどと比べて首がとても長いことが特徴です。全長の半分が首の長さでした。20m以上の高さにある樹木の葉を食べることができたと考えられています。大きな足あとを残していることでも知られていて、その足あとのなかからグアンロン（54ページ）たちの化石が見つかっています。

第 2 章　ジュラ紀の恐竜・古生物

リンウーロン

Lingwulong

- ◆ **全長**　約 14 m（？）
- ◇ **化石産地**　中国

アマルガサウルス（103 ページ）の原始的な仲間のひとつです。首はやや短めで、アマルガサウルスのようなトゲはありません。発見されている化石は部分的なので、大きさなど、よくわかっていないことだらけです。

044

ブラキオサウルス

Brachiosaurus

竜脚類

- ◆ **全長**　約 22 m
- ◇ **化石産地**　アメリカ

タンザニアのギラッファティタン（70 ページ）にきわめて近い竜脚類です。ギラッファティタンによく似ている姿をしていますが、ギラッファティタンと比べると、全長に対し、首と尾がやや長いなどの特徴があります。

045

エウロパサウルス

Europasaurus

竜脚類

- ◆ **全長**　約 5.7 m
- ◇ **化石産地**　ドイツ

ブラキオサウルスなどに近い仲間ですが、ほかのすべての竜脚類と比べてとても小型でした。これは生息地が大陸ではなく島だったため、大きく成長することができなかったのではないかとみられています。

046

59

名の「ダーウィンの翼」に進化が見える
ダーウィノプテルス

翼竜類

047
Darwinopterus

◆翼開長　約85cm
◇化石産地　中国

ダーウィノプテルスには、「尾が長い」という原始的な特徴と、進化的な「頭部が大きい」という両方の特徴がありました。また、オスにはトサカがあったようです。

鳥類

科学の発展で色が判明
アンキオルニス

T-RIDE Data
PERIOD
Middle Jurassic
MODE
D mode
FORM
Sky / Land

048
Anchiornis

◆翼開長　約40cm
◇化石産地　中国

アンキオルニスの化石の羽毛には、"色をつくる小さな器官"が残っていて、全身がほぼ灰色と黒色で、頭部には赤褐色の斑点があり、トサカも赤褐色だった可能性が高いことがわかっています。手足の翼は白色で、そのふちは黒色だったとされています。

第2章 ジュラ紀の恐竜・古生物

アパトサウルス
Apatosaurus

◆全長　約23m
◇化石産地　アメリカ

竜脚類

ジュラ紀後期のアメリカにいた恐竜です。ディプロドクスに近く、同じような細長い尾をもっていました。かつて「ブロントサウルス」とよばれていた恐竜をふくむと考えられています（「ふくまない」説もあります）。

049

竜脚類

カマラサウルス
Camarasaurus

◆全長　約18m
◇化石産地　アメリカ

アパトサウルスと並んでジュラ紀後期のアメリカにいました。あまり長くない口先の頭と、先端がスプーンのような形の歯が特徴です。季節の変化にあわせて長距離を移動する「渡り」をおこなっていたとみられています。

050

ディプロドクス
Diplodocus

◆全長　約24m
◇化石産地　アメリカ

竜脚類

アメリカを代表する大型の竜脚類です。顔は平たく、歯の形は鉛筆に似ていました。細長い尾をムチのようにふるうことができたのではないかといわれています。全長30m前後の大型の個体もいたとされています。

051

61

ジュラ紀後期のアメリカ西部
巨大竜脚類の天国

アメリカ合衆国西部のユタ、コロラド、ワイオミング州一帯には、ボーンベッドとよばれるジュラ紀後期の恐竜骨格化石サイトがいくつもあり、恐竜研究が最も進んだ地域です。乾燥したサバンナのような気候ですが、ブラキオサウルス、ディプロドクス、カマラサウルスといった巨大な竜脚類がたくさん生息していたので、場所によって巨大な生態系をささえる豊かな森が広がっていたのでしょう。湿地帯の水辺には、竜脚類が水を求めて集まっていました。

ディプロドクス
（61 ページ）

カマラサウルス
（61 ページ）

最強恐竜のひとつ
アロサウルス

獣脚類

052
Allosaurus

◆ 全長　約8.5m
◇ 化石産地　アメリカ

ジュラ紀後期のアメリカを代表する肉食恐竜です。当時の肉食恐竜としては大型で、陸上生態系の頂点に君臨していたとみられています。同じような最強クラスの肉食恐竜である白亜紀のティラノサウルス（104ページ）と比べると、やや小柄でスリム・前脚が長く、前足の指は3本ありました。ティラノサウルスが獲物を骨ごとかみ砕いていたことに対し、アロサウルスは獲物の肉を切りさいて食べていたとみられています。

T-RIDE Data

PERIOD
Late Jurassic

MODE
D mode

FORM
Land

第2章　ジュラ紀の恐竜・古生物

スクテロサウルス
Scutellosaurus

装盾類

◆**全長**　約1.3m
◇**化石産地**　アメリカ

装盾類はのちに剣竜類と鎧竜類に分かれますが、スクテロサウルスとスケリドサウルスはそのどちらでもない、原始的な恐竜でした。ひふの内側には、1円玉から500円玉サイズの小さな骨（皮骨）が並んでいました。

053

装盾類

スケリドサウルス
Scelidosaurus

◆**全長**　約3.7m
◇**化石産地**　イギリス

同じく初期の装盾類であるスクテロサウルスよりもやや進化していたようです。背中や脇腹にたくさんの骨片が並んでいました。この骨片が、のちの剣竜類の骨板や、鎧竜類の"ヨロイ"に進化したとみられています。

054

ミラガイア
Miragaia

剣竜類

◆**全長**　約6.5m
◇**化石産地**　ポルトガル

背中の骨の板は、同じ剣竜類であるステゴサウルス（68ページ）ほど広くなく、また、尾の上の板は「板」というよりも「トゲ」のような形でした。胴体とほぼ同じ長さの細長い首が最大の特徴です。

055

65

ジュラ紀後期の地層からわかる
恐竜時代の最盛期

アロサウルス
（64ページ）

第2章 ジュラ紀の恐竜・古生物

アメリカ合衆国西部に広く分布する恐竜化石が多く見つかるジュラ紀後期の地層は、コロラド州の地名からモリソン層とよばれます。西側にあった山や川を通して堆積物やミネラル分が運ばれ、大きな平野の森林や湿地には多くの植物が生えていました。そこには多様な植物食恐竜が生息し、それらをえさとする肉食恐竜もたくさんいました。川べりに水を求めてやってきた植物食恐竜のステゴサウルスをねらって、アロサウルスがおそおうとしていたようです。

ステゴサウルス
(68ページ)

わー！
迫力あるね

67

防御用の武器をそなえた植物食恐竜
ステゴサウルス

剣竜類

056
Stegosaurus

◆全長　約6.4m
◇化石産地　アメリカ

背中に骨の板が並び、尾の先には大きなトゲ（スパイク）が2対4本ありました。骨板の内部には血管が通っていて、骨板を日光にあてることで血液をあたため、骨板を風にあてることで血液を冷やして体温を調整できたとみられています。スパイクは防御用の武器としてもちいられていたようで、アロサウルス（64ページ）の化石には、ステゴサウルスのスパイクによって攻撃を受けたあとが確認できているものもあります。

T-RIDE Data

PERIOD
Late Jurassic

MODE
D mode

FORM
Land

第 2 章　ジュラ紀の恐竜・古生物

ティアンユロン
Tianyulong

- ◆ 全長　不明
- ◇ 化石産地　中国

> 鳥盤類※

※ヘテロドントサウルス類

小型の植物食恐竜グループ「ヘテロドントサウルス類」のひとつです。長い毛のような構造をもっていました。化石は部分的なものしか見つかっておらず、また、若い個体のため、おとなになったときの大きさはわかっていません。

057

クリンダドロメウス
Kulindadromeus

- ◆ 全長　約 1.5 m
- ◇ 化石産地　ロシア

> 鳥脚類

体の大部分が鳥類と同じように羽毛でおおわれ、一方、尾にはウロコがあったことがわかっています。なお、鳥脚類は「鳥」という文字を使いますが、鳥類と祖先・子孫の関係もなければ、近い種類でもありません。

058

インロン
Yinlong

- ◆ 全長　約 1.6 m
- ◇ 化石産地　中国

> 角竜類

角竜類のなかでも最も原始的な恐竜のひとつです。のちの角竜類と比べると圧倒的に小柄で軽く、ツノはなく、二足歩行だったとみられています。

059

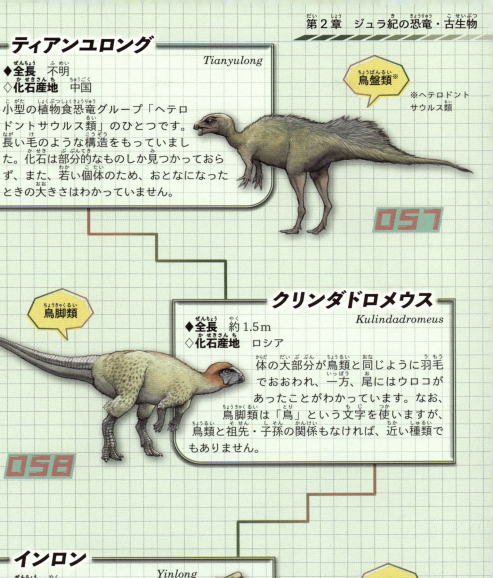

69

最大の恐竜のひとつ
ギラッファティタン

060
Giraffatitan

- ◆ 全長　約25m
- ◇ 化石産地　タンザニア

アメリカで化石が発見されているブラキオサウルス（59ページ）に近い種類で、前脚が後ろ脚よりも長く、頭部に高さがあるという特徴があります。ブラキオサウルスには複数の種類があり、ギラッファティタンもアフリカのブラキオサウルスとされていました。研究の進展で、ブラキオサウルスとよぶにはちがいが大きすぎることがわかり、「キリンの巨人」という意味のギラッファティタンとよばれることが多くなりました。

竜脚類

T-RIDE Data

PERIOD
Late Jurassic

MODE
D mode

FORM
Land

第2章　ジュラ紀の恐竜・古生物

ジュラマイア

Juramaia

ほ乳類※

※真獣類

◆**全長**　約15cm 未満（？）
◇**化石産地**　中国

ほ乳類のなかでも、ヒトやイヌなどと同じ「真獣類」というグループに属していて、その最も初期の種類です。手のつくりから、木の上でくらしていたとみられています。化石が前半身だけしか見つかっていないため、正確な大きさについてはよくわかっていません。

061

カストロカウダ

Castorocauda

ほ乳類

◆**全長**　約45cm
◇**化石産地**　中国

カモノハシのような平たい尾をもったほ乳類です。この尾を使って水中を泳いでいたとみられています。ほ乳類のなかでも、「ドコドン類」という絶滅グループに属しています。今のほ乳類とは祖先・子孫の関係はありません。

062

ヴォラティコテリウム

Volaticotherium

ほ乳類

◆**全長**　約15cm
◇**化石産地**　中国

アメリカモモンガのようなひふをもつほ乳類。皮膜を広げて風を受け、木から木へと滑空していたようです。今のほ乳類とは祖先・子孫の関係はありません。当時、似たように飛行するほ乳類はいくつかいました。

063

71

第3章
白亜紀の恐竜・古生物
——恐竜の全盛期へ

白亜紀は恐竜が大繁栄した時代でした。最強といわれる肉食恐竜や、個性的な姿の恐竜もたくさんあらわれました。
白亜紀末になると小惑星の衝突や火山活動による気候変動が起こり、環境は大きく変わりました。この結果、多くの恐竜が絶滅し、「恐竜の時代・中生代」は終わることになります。

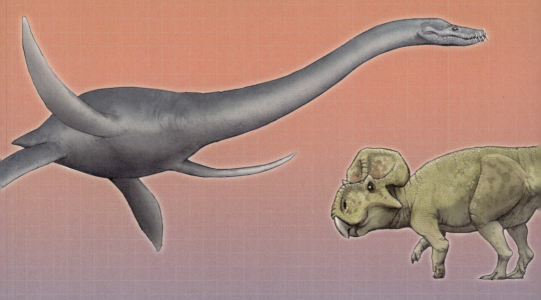

白亜紀前期、ブラジルの空
できたての南大西洋の空は翼竜のもの

ツパンダクティルス
（91ページ）

第3章 白亜紀の恐竜・古生物

アンハングエラ
（91ページ）

向こうはアフリカかな？

　白亜紀前期のブラジルは、ゴンドワナ大陸が南アメリカとアフリカに分裂して、南大西洋ができはじめたころです。この時代は地球の歴史で最もあたたかい時代で、海が大陸に広がり浅い海となっていました。このできたばかりの南大西洋の赤道に近い浅い海には、現在の魚類より原始的な魚類が生息しており、ブラジル東北部のサンタナ層からとても保存状態のよい化石が発見されることで知られています。この魚類を捕食していたのが、アンハングエラやツパンダクティルスです。

75

カルカロドントサウルス
Carcharodontosaurus

獣脚類

◆ 全長　約12m
◇ 化石産地　モロッコ、ニジェール、チュニジアほか

白亜紀半ばのアフリカ北部に君臨していました。全長はティラノサウルス（104ページ）並みの大きさですが、ティラノサウルスと比べるとやや細身でした。ジュラ紀のアメリカにいたアロサウルス（64ページ）に近い種類です。

064

フクイプテリクス
Fukuipteryx

鳥類

◆ 翼開長　約15cm
◇ 化石産地　日本

化石は福井県から発見されています。アルカエオプテリクス（46ページ）の次に原始的な特徴があるとされています。発見された化石は1歳未満の若い個体のものだけなので、成体はもっと大きいかもしれません。

065

ナジャシュ
Najash

ヘビ類

◆ 全長　約2m
◇ 化石産地　アルゼンチン

ヘビ類は、トカゲのように手足のある爬虫類から進化したと考えられており、その"進化の途中の種類"で、前脚を失った段階のものとされています。小さな後ろ脚の役割はわかっていません。

066

第 3 章 白亜紀の恐竜・古生物

ミクロラプトル

Microraptor

- ◆全長　約85cm
- ◇化石産地　中国

前脚にも後ろ脚にも翼がありました。現在ではこうした「四翼の恐竜」はほかにも知られていますが、そのなかで最初に化石が見つかった恐竜です。小型のほ乳類や小鳥、真骨魚類などを食べていたようです。

獣脚類

067

鳥類

ジェホロルニス

Jeholornis

- ◆翼開長　約85cm
- ◇化石産地　中国

初期の鳥類で、長い尾の先と、腰のすぐそば（尾の付け根）の2か所に羽根がありました。尾の先の羽根は、異性へのアピールなどのためのようです。嗅覚が鋭く、果実の香りからえさを探していたのかもしれません。

068

コンフキウソルニス

Confuciusornis

- ◆翼開長　約30cm
- ◇化石産地　中国

中国語で「孔子鳥」ともよばれています。口には歯がなく、クチバシになっているなど、初期の鳥類にはない特徴をそなえていました。長い2本の尾羽をもつ個体の化石と、長い尾羽をもたない個体の化石が見つかっています。

鳥類

069

77

白亜紀前期、中国東北部の森
羽が生えた！
原始鳥類と羽毛恐竜

ジェホロルニス
（77ページ）

コンフキウソルニス
（77ページ）

第3章 白亜紀の恐竜・古生物

鳥って恐竜の仲間なんだね

ミクロラプトル
(77ページ)

　中国東北部の遼寧省では、白亜紀前期の大きな湖にたまったうすい板状に割れる泥岩から、これまで知られていなかった羽毛恐竜や原始的な鳥類がとてもたくさん見つかっています。そこからは、湖にすんでいたさまざまな生物も、びっくりするほどよい保存状態で産出しています。あたたかかったジュラ紀後期より少し寒くなったためか、ミクロラプトルのような、羽毛を全身にもった寒さに強い小型の恐竜がいくつもあらわれました。森の茂みにはコンフキウソルニス、ジェホロルニスのような鳥類もいました。被子植物はすでに出現していましたが、まだ多くはありませんでした。

79

寒さ対策(?)のモフモフが愛らしい
ユティラヌス

獣脚類※

※ティラノサウルス類

T-RIDE Data

PERIOD
Early Cretaceous

MODE
D mode

FORM
Land

070
Yutyrannus

◆全長　約7.5m
◇化石産地　中国

のちのティラノサウルス（104ページ）などをふくむ「ティラノサウルス類」のひとつです。ティラノサウルスのように頭部が大きい、進化したティラノサウルス類と同じ特徴もありますが、グアンロン（54ページ）のように前足の指が3本などの原始的な特徴もありました。全身が羽毛でおおわれ、寒い地域でくらしていたとみられており、羽毛が保温の役割を果たしていたようです。

第3章 白亜紀の恐竜・古生物

ヴェロキラプトル
Velociraptor

- ◆全長　約2.5m
- ◇化石産地　モンゴル、中国、ロシア

小型で後ろ足の大きなかぎヅメが特徴。聴覚が発達し、バランス感覚にもすぐれていたようです。これらは獲物を狩るのに役立ったとみられています。プロトケラトプス（110ページ）と格闘したままの状態の化石が発見されています。

獣脚類

071

アルヴァレツサウルス
Alvarezsaurus

- ◆全長　約1m
- ◇化石産地　アルゼンチン

小型で、体重も軽く、すばやく動き回ることができたとみられています。前脚がとても短くて、がっしりとしているという特徴があります。1本の指が大きく発達し、その先には鋭いツメがありました。

獣脚類

072

ヘスペロルニス
Hesperornis

- ◆全長　約2m
- ◇化石産地　アメリカ、カナダほか

鳥類ですが翼をもっておらず、空は飛べませんでした。一方、後ろ脚はとてもがっしりとしていて、水に浮かぶことも、もぐることもできたようです。かなりの沖合で、魚をとって生きていたとみられています。

鳥類

073

81

恐竜をおそうほ乳類
レペノマムス

ほ乳類

074

Repenomamus

◆ 全長　約80cm
◇ 化石産地　中国

中生代最大級のほ乳類です。大きくてがっしりとしたアゴと丈夫な歯、力強い手足をそなえていました。植物食恐竜のプシッタコサウルス（109ページ）の子どもをおそい、かみ切ってひと飲みにしたり、自分よりも大きなプシッタコサウルスのおとなにおそいかかっていたりしていたことをしめす化石が見つかっています。現在のほ乳類とはつながらない絶滅したグループに属しています。

T-RIDE Data

PERIOD
Early Cretaceous

MODE
D mode

FORM
Land

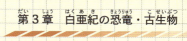
第3章 白亜紀の恐竜・古生物

ギガノトサウルス
Giganotosaurus

獣脚類

- ◆全長　約13.7m
- ◇化石産地　アルゼンチン

北アメリカのティラノサウルス（104ページ）並みの巨体ですが、ティラノサウルスとは遠縁の恐竜で、アフリカのカルカロドントサウルス（76ページ）に近い種類です。獲物の肉を切りさく歯をもっていました。

075

マプサウルス
Mapusaurus

獣脚類

- ◆全長　約11.5m
- ◇化石産地　アルゼンチン

ギガノトサウルスやメラクセス（87ページ）に近い種類です。世代の異なる7個体以上の化石が同じ場所から発見されていて、複数の世代が集まって、小さな群れをつくっていた可能性があるとされています。

076

アルバートサウルス
Albertosaurus

獣脚類※

※ティラノサウルス類

- ◆全長　約8m
- ◇化石産地　カナダ、アメリカ

ティラノサウルス（104ページ）と比べると、やや小柄で、細い体つきでした。さまざまな年齢の化石が見つかっており、生後2歳までの死亡率がとても高かったことが指摘されています。

077

83

白亜紀中ごろ、北アフリカの海岸
浅瀬で大量の魚にありつくスピノサウルス

カルカロドントサウルス
（76ページ）

第3章 白亜紀の恐竜・古生物

白亜紀の中ごろ、アフリカ北部は赤道域のテチス海の南岸にあり、5億年前以降の地球の歴史で最もあたたかい時代で、浅いあたたかい海が広がっていました。陸には三角洲や平野が広がり、川ぞいに森や湿地があり、海岸へと続いていました。今日は海が荒れて、浅瀬に魚が打ちあがってきたので、スピノサウルスは大量の魚にありつけているようです。それを砂浜から、肉食の大型獣脚類を代表する、名前に「巨大ザメ」の意味がついた、カルカロドントサウルスが見ています。

魚をほしそうに見ているね

スピノサウルス
（86ページ）

二足か四足か？ なぞの多い恐竜
スピノサウルス

獣脚類

078
Spinosaurus

T-RIDE Data

Late Cretaceous

MODE
D mode

Land / Water

◆全長　約14m（？）
◇化石産地　エジプト、モロッコほか

背中の帆がトレードマークです。口先はセンサーのようになっていて、水のなかに入れることで、水中の物体の動きを感じることができたようです。歯の形は、魚食にむいていました。最も保存のよい化石が戦争で失われ、そのあとは部分化石しか見つかっていないため、なぞの多い恐竜です。全長は15mに達したともいわれています。

第3章 白亜紀の恐竜・古生物

リトロナクス
Lythronax

◆全長　約6.5m
◇化石産地　アメリカ

北アメリカ大陸における最も古いティラノサウルス類のひとつです。ティラノサウルス類としては中型ですが、「大きくて幅のある頭部」など、のちにあらわれる大型のティラノサウルス類とよく似た特徴がありました。

獣脚類※

※ティラノサウルス類

079

獣脚類

メラクセス
Meraxes

◆全長　約11m
◇化石産地　アルゼンチン

「大きな頭に小さな前脚」というティラノサウルス（104ページ）とよく似た姿をしています。ただし、ティラノサウルスとは遠い種類で、アロサウルス（64ページ）やカルカロドントサウルス（76ページ）に近い種類です。

080

スピノサウルスのふたつの説

スピノサウルスには、四足歩行で水中で生活していたという説と、二足歩行で内陸と水辺で生活していたという説があります。
左ページのイラストは、二足歩行をしていた場合の復元です。
一方こちらは、四足歩行をしていた場合の泳いでいる様子を復元したものです。

水生のスピノサウルス

水かきのある手

87

白亜紀後期、北アメリカ西部内陸海路 ①
進化した翼竜たちがアメリカの空を滑空する

プテラノドン
（101 ページ）

第3章 白亜紀の恐竜・古生物

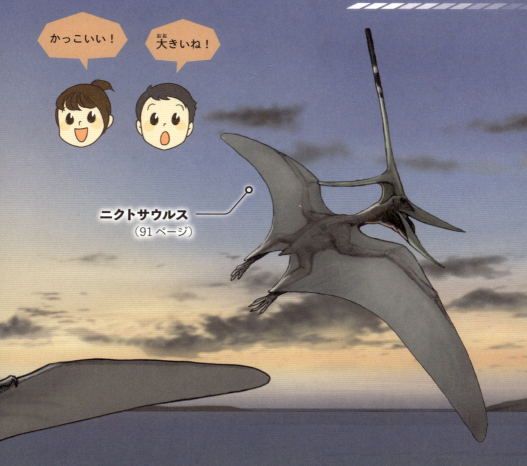

かっこいい！
大きいね！

ニクトサウルス
（91ページ）

　北アメリカ大陸西部には、南北にのびる大きな内海（西部内陸海路）があり、西（ララミディア大陸）と東（アパラチア大陸）に分かれていました。西部内陸海路には比較的浅い海が広がり、魚類やアンモナイトなどの多くの生物でみちていました。この海を海風に乗って滑空する翼竜のプテラノドンとニクトサウルスは、ジュラ紀の翼竜より大型化しているにもかかわらず、細身の体で軽量化に成功し、とがったくちばしで魚をつかまえて食べていました。夕ぐれとなって、これから陸地にある巣に帰るところでしょうか。

飛べたかどうかはまだ解明されていない

ケツァルコアトルス

翼竜類

T-RIDE Data

PERIOD
Late Cretaceous

MODE
D mode

FORM
Sky

081
Quetzalcoatlus

◆翼開長　約10m以上
◇化石産地　アメリカ

白亜紀の末期に登場した翼竜類のひとつです。「翼開長約10m以上」という大きさは、現代の小型飛行機に匹敵する大きさ。「最大級」の翼竜類のひとつであり、ほかの飛行動物と比べてもかなりの大型です。そのため、「史上最大の飛行動物」ともよばれています。ただし、実は飛行できず、地上を歩いていたとの指摘もあります。近年では、むしろ「飛行できなかった」との説の方が有力になりつつあります。

第3章 白亜紀の恐竜・古生物

ツパンダクティルス
Tupandactylus

- ◆翼開長　約1.5m（？）
- ◇化石産地　ブラジル

翼竜類

皮膜でできた大きなトサカをもち、トサカが後ろへ広がる「インペラトール」と、トサカが上へ広がる「ナヴィガンス」という種がいました（イラストはインペラトール）。正確な大きさは不明で、もっと大きかったとも。

082

翼竜類

アンハングエラ
Anhanguera

- ◆翼開長　約5m
- ◇化石産地　ブラジル、イギリスほか

頭部が大きく、尾が短く進化した翼竜のひとつです。長い口の先端付近は、上下ともに板状にもりあがっていました。口には鋭い歯が並んでいます。すぐれた飛行能力をもち、上空から獲物を見つける高い能力をもっていたとされています。

083

ニクトサウルス
Nyctosaurus

- ◆翼開長　約2.1m
- ◇化石産地　アメリカ

翼竜類

Y字型の細長いトサカがトレードマーク。このトサカのない個体もあり、トサカの有無は性別をあらわしているのではないかとも。前後幅がなく、横に広い翼も特徴です。翼竜類でトップクラスの滑空能力があったといわれています。

084

白亜紀後期、北アメリカ西部内陸海路②

多様な大型海洋生物が
あふれていた

クレトキシリナ
（97 ページ）

アーケロン
（97 ページ）

第3章 白亜紀の恐竜・古生物

カメやウミウみたいなのもいるね

ヘスペロルニス
(81 ページ)

プリオプラテカルプス
(95 ページ)

　北アメリカ西部内陸海路では、白亜紀のあたたかい海の表層で多くのプランクトンが発生し、大量の海洋生物が繁栄して、その遺骸が大量に海底にたまりました。その後、遺骸は地下で石油層となりました。その豊かな海を自由に泳ぎ回っていたのが、巨大なサメ（クレトキシリナ）、モササウルス（プリオプラテカルプス）、カメ（アーケロン）といった爬虫類と、ヘスペロルニスのような水鳥です。いずれも流線型の体で少し荒れた海をものともせず、ジュラ紀よりも進化して活発になった魚たちを捕食していました。

93

背(せ)ビレがあっためずらしいモササウルス類(るい)

メガプテリギウス

モササウルス類(るい)

085
Megapterygius

◆ 全長(ぜんちょう)　約(やく)6m
◇ 化石産地(かせきさんち)　日本(にほん)

日本近海(にほんきんかい)に生息(せいそく)していたモササウルス類(るい)のひとつです。和歌山県(わかやまけん)から化石(かせき)が発見(はっけん)されていて、「和歌山滄竜(わかやまそうりゅう)」という通称(つうしょう)がつけられています。異様(いよう)に大(おお)きなヒレをもち、左右(さゆう)の目(め)がやや離(はな)れているために両眼視(りょうがんし)ができた可能性(かのうせい)があり、背(せ)ビレがあった可能性(かのうせい)もあるなど、ほかのモササウルス類(るい)にはない、あるいはほとんどみられない特徴(とくちょう)をたくさんそなえていました。前脚(まえあし)のヒレで水(みず)をかいて進(すす)み、小(ちい)さな魚(さかな)などをおそっていたと考(かんが)えられています。

T-RIDE Data

PERIOD
Late Cretaceous

MODE
D mode

FORM
Water

第 3 章 白亜紀の恐竜・古生物

ティロサウルス
Tylosaurus

モササウルス類

◆全長　約13m
◇化石産地　アメリカ、スウェーデン、ヨルダンほか

大型で、その全長は15mに達したともいわれています。大きな頭部は、高さがあまりありません。泳ぎが得意なハンターだったらしく、クビナガリュウ類や海鳥などをつかまえて食べていたとみられています。

086

モササウルス類

プリオプラテカルプス
Plioplatecarpus

◆全長　約5m
◇化石産地　世界各地

光を感じることにすぐれた第3の目ともいわれる松果体があり、明暗の変化に敏感だったとみられています。自分の前方や浅い水深を泳ぐ獲物の影をしっかりと探知できたようです。頭部が比較的がんじょうだったことも特徴のひとつです。

087

モササウルス
Mosasaurus

モササウルス類

◆全長　約15m
◇化石産地　世界各地

「モササウルス」という種はいくつもあり、「約15m」という大型種は、「モササウルス・ホフマニィ（*M. hoffmannii*）」といいます。かつて、発見地にちなんで「マーストリヒトの大怪獣」とよばれていました。

95

高校生が発見した日本を代表するクビナガリュウ
フタバサウルス

クビナガリュウ類

T-RIDE Data

PERIOD
Late Cretaceous

MODE
D mode

FORM
Water

089
Futabasaurus

◆全長　約9m
◇化石産地　日本

日本を代表する古生物のひとつです。正式な種名を「*Futabasaurus suzukii*」と書き、和名を「フタバスズキリュウ」といいます。双葉層群という地層から、高校生の鈴木さんが化石を発見したことが名前の由来です。その化石には、サメにかまれたあとと、骨にささったままのサメの歯がありました。どうやら死後に、サメに体をあさられていたようです。

第 3 章　白亜紀の恐竜・古生物

アクイロラムナ
Aquilolamna

サメ類

- ◆全長　約 1.7 m
- ◇化石産地　メキシコ

左右の幅が 1.6 m 以上という翼のような胸ビレをもつサメの仲間。胸ビレは姿勢を安定させたり、泳ぐ方向を変えたりするために使い、泳ぐときはおもに三日月のような形の尾ビレを使っていたようです。プランクトンをすい込んで食べていたとみられています。

090

クレトキシリナ
Cretoxyrhina

サメ類

- ◆全長　約 6 m
- ◇化石産地　世界各地

現在のホホジロザメと似ています。大きな個体で、全長が 9.8 m に達したともいわれる大型のサメです。高速で海を泳ぎ回り、ときにはモササウルス類さえおそっていたとされています。「最強にして最恐」ともいわれる存在です。

091

アーケロン
Archelon

カメ類

- ◆甲長　約 2.2 m
- ◇化石産地　アメリカ

史上最大級のカメ類のひとつです。がんじょうなアゴと鋭いクチバシをそなえていました。白亜紀の北アメリカには、大陸を東西に分ける内海がありました。その海のなかで生息していたカメです。広い海を泳ぐことはできなかったとみられています。

092

97

白亜紀後期、アジア大陸モンゴルの乾燥地帯

砂漠でくり広げられた小型恐竜の死闘

プロトケラトプス
（110ページ）

第3章 白亜紀の恐竜・古生物

モンゴルは恐竜化石の宝庫なんだ！

ヴェロキラプトル
（81ページ）

　白亜紀後期のモンゴルは、現在と同じように乾燥気候が広がる地域でした。モンゴルで発掘される保存状態のよい恐竜化石の多くは、砂漠で形成された風成砂層（風の働きで堆積）から発見されます。小型角竜類のプロトケラトプスを小型獣脚類のヴェロキラプトルがおそっているような姿で発掘された化石はとても有名です。モンゴルの恐竜化石はとても保存状態がよく、恐竜の生きていた姿がわかるのは、オアシスの湿地帯をおそった砂嵐で砂漠の砂山が急にくずれて、一度にうめ立てられたからだと考えられています。

ツノのような大きいトゲ
ボレアロペルタ

鎧竜類

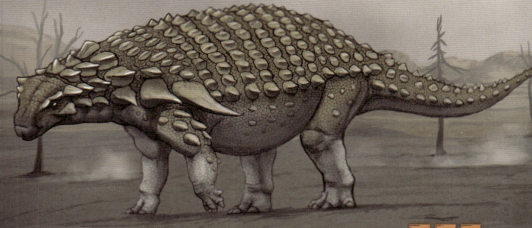

T-RIDE Data

PERIOD
Early Cretaceous

MODE
D mode

FORM
Land

093
Borealopelta

◆全長　約5m
◇化石産地　カナダ

同じ鎧竜類でも、アンキロサウルス（109ページ）などとはちがって、尾の先にコブはありません。「奇跡の恐竜」とさえよばれるほどの、ついさっきまで生きていたような保存状態のよい化石が見つかっています。その化石の研究から、背中側が濃い赤茶色、腹側がややうすい色だった可能性が指摘されています。その化石となった個体は、森林火災後の森に入り、植物を探して食べていたようです。

第3章 白亜紀の恐竜・古生物

プテラノドン
Pteranodon

- ◆翼開長　約6m
- ◇化石産地　アメリカ

「翼開長約6mの個体」と「翼開長約4mの個体」が多くいたことがわかっています。これは性別をあらわしているのではないかと考えられています。特におとなは、かなり沖合まで飛ぶことができたようです。

翼竜類

094

クリオドラコン
Cryodrakon

翼竜類※
※アズダルコ類

- ◆翼開長　約10m
- ◇化石産地　カナダ

大型種が多いアズダルコ類というグループのひとつです。約10mという翼開長は、グループの代表であるアメリカのケツァルコアトルス（90ページ）と同じくらいです。がっしりとした長い首が特徴です。

095

カムイサウルス
Kamuysaurus

- ◆全長　約8m
- ◇化石産地　日本

日本で発見されている大型の恐竜の化石のなかでは、抜群の保存率を誇ります。化石が北海道で発見されたため、北海道の先住民族であるアイヌの言葉で「神」を意味する「カムイ」が名前に使われています。

鳥脚類※
※ハドロサウルス類

096

オルニトミムス
Ornithomimus

獣脚類※
※オルニトミモサウルス類

- ◆全長　約3.8m
- ◇化石産地　アメリカ、カナダ

獣脚類のなかでも「ダチョウ恐竜」とよばれる恐竜たちが属する、オルニトミモサウルス類の代表です。その足の速さは、恐竜類のなかでトップクラスでした。翼を使って異性に求愛行動をしていた可能性が指摘されています。

097

101

一時期は支配者として君臨!?

シアッツ

獣脚類

098

Siats

T-RIDE Data

PERIOD
Late Cretaceous

MODE
D mode

FORM
Land

◆全長　約9m（？）
◇化石産地　アメリカ

白亜紀末のアメリカにいました。発見されている化石はまだ成長途中だったため、おとなはもっと大きかったかもしれません。当初、アロサウルス（64ページ）やカルカロドントサウルス（76ページ）の仲間とされ、ティラノサウルス類が大型化しはじめる"直前の支配者"とされていました。しかし近年では、シアッツをティラノサウルス類の一員とする考えもあります。

第3章 白亜紀の恐竜・古生物

アマルガサウルス

Amargasaurus

◆全長 約13m
◇化石産地 アルゼンチン

首をつくる骨の一部が細く
長く伸びていて、まるでトゲ
のようになっていました。このトゲ
は、首の後ろに2列になって並んでいます。
トゲの間には皮膜があったという説と、皮膜は
なかったという説があります。

竜脚類

099

ニジェールサウルス

Nigersaurus

◆全長 約9m
◇化石産地 ニジェール（アフリカ）

竜脚類

口の先が幅広くなっており、そこ
には鉛筆のような細い歯が左右
1列になって並んでいました。この
歯を使って、足元のやわらかい植物を食
べていたのではないかとみられています。嗅覚
が弱かったともいわれています。

100

タルボサウルス

Tarbosaurus

◆全長 約9.5m
◇化石産地 モンゴル、中国

ティラノサウルス類に分類さ
れます。「アジアのティラノサ
ウルス」とよばれるほどに、北ア
メリカのティラノサウルス（104ページ）
とよく似ています。デイノケイルス（108ページ）
をおそっていたとみられています。

獣脚類※

※ティラノウルス類

101

103

恐竜界の王
ティラノサウルス

※ティラノサウルス類

獣脚類※

102
Tyrannosaurus

T-RIDE Data

PERIOD　Late Cretaceous
MODE　Hi mode
FORM　Land

◆全長　約13m（？）
◇化石産地　アメリカ、カナダ

ティラノサウルス類の代表です。幅が広くがっしりとした頭骨とアゴ、そして、太い歯からくり出される「かむ力」は、ほかの恐竜たちよりも圧倒的に強く、獲物を骨ごとかみ砕くことができました。嗅覚にすぐれ、また、下アゴの感覚（触覚）も敏感だったようです。白亜紀末のレックス（*T. rex*）と、レックスよりやや古いムクラエエンシス（*T. mcraeensis*）の2種がいたという指摘があります。

第3章 白亜紀の恐竜・古生物

イグアノドン
Iguanodon

- ◆全長 約8m
- ◇化石産地 ヨーロッパ各地

ヨーロッパで大繁栄し、ベルギーではたくさんの化石が見つかっています。前足の第1指の先端が鋭いことが特徴のひとつです。19世紀に「恐竜類」というグループがみとめられたとき、その最初のメンバーのひとつとなりました。

鳥脚類

103

パタゴティタン
Patagotitan

- ◆全長 約37m（？）
- ◇化石産地 アルゼンチン

いわゆる「最大級の恐竜」のひとつです。ただし、全身の化石が見つかっているわけではなく、部分的なものしか発見されていないため、約37mという長さが正しいかどうかは今後の発見次第です。

竜脚類

104

アルゼンティノサウルス
Argentinosaurus

- ◆全長 約30m（？）
- ◇化石産地 アルゼンチン

こちらも、いわゆる「最大級の恐竜」のひとつです。ただし、ほかの「最大級の恐竜」と同じように全身の化石が見つかっているわけではないため、ほんとうの大きさはよくわかっていません。全長は35mに達したともいわれています。

竜脚類

105

ニッポノサウルス
Nipponosaurus

- ◆全長 約4m（？）
- ◇化石産地 ロシア

現在はロシア領となっているサハリンは、かつて日本領の樺太でした。その樺太で発見されたため、「日本」を意味する「ニッポノ（*Nippono*）」が名前についています。知られている化石は子どものもので、おとなのサイズは不明です。

鳥脚類

106

105

白亜紀末期、アメリカ西部ララミディア大陸

恐竜が最も多様化した森

ティラノサウルス
（104ページ）

トリケラトプス
（111ページ）

第3章　白亜紀の恐竜・古生物

トリケラ
がんばれー

エドモントサウルス
（109 ページ）

アンキロサウルス
（109 ページ）

パキケファロサウルス
（111 ページ）

　白亜紀の終わりごろ、北アメリカ西部内陸海路は干あがって陸となり、西側にあっ
たララミディア大陸の平野が大きくなって森が広がりました。そこでは、白亜紀中
ごろに出現した被子植物をふくむ豊富な植物にささえられて、多様な動物がたくさ
ん生息していました。多くの種類の植物食恐竜と、それらをねらう肉食恐竜がいま
した。「恐竜界の王」のティラノサウルスは、湿地に水を求めてやってきたトリケ
ラトプスを横からおそっています。背後には植物食恐竜のアンキロサウルス、パキ
ケファロサウルス、エドモントサウルスがその様子をうかがっています。

107

名前の意味は「恐ろしい手」
ディノケイルス

※オルニトミモサウルス類

獣脚類※

107
Deinocheirus

T-RIDE Data

PERIOD
Late Cretaceous

MODE
D mode

FORM
Land

◆ 全長　約 11.5 m
◇ 化石産地　モンゴル

オルニトミモサウルス類（101 ページ）に属していますが、オルニトミモサウルス類の恐竜としてはかなりの大きさです。2.4 m もの長い腕、スピノサウルス（86 ページ）のような背中の帆、エドモントサウルス（109 ページ）の仲間のような足など、独特の特徴もあります。化石に残された胃の内容物を分析した結果、魚と植物を食べる雑食性だったことがわかっています。

108

第3章 白亜紀の恐竜・古生物

プシッタコサウルス
Psittacosaurus

- ◆全長　約2m（？）
- ◇化石産地　中国、モンゴル、ロシア

角竜類ですが、目立ったツノはもちません。尾の上にかたい毛が並んでいました。子どもからおとなまで、さまざまな世代の化石がたくさん見つかっています。子どももおとなもレペノマムス（82ページ）の獲物になっていたようです。

> 角竜類

108

ズール
Zuul

> 鎧竜類

- ◆全長　約5m
- ◇化石産地　アメリカ

ボレアロペルタ（100ページ）と同じくらい保存状態のよい化石が知られています。尾の先端に大きなコブがありました。このコブは、ズールのオスどうしによるメスをめぐる争いなどに使われていたのかもしれません。

109

アンキロサウルス
Ankylosaurus

- ◆全長　約7.5m
- ◇化石産地　アメリカ、カナダ

約7.5mという大きさにしては、約13mのティラノサウルス（104ページ）くらいの重さの鎧竜類です。ヨロイをつくる骨片は、現代の防弾チョッキのように丈夫でした。この骨片は成長にともなって、自分の骨を溶かしてつくられていたようです。

> 鎧竜類

110

エドモントサウルス
Edmontosaurus

> 鳥脚類※
> ※ハドロサウルス類

- ◆全長　約9m
- ◇化石産地　アメリカ、カナダ

ハドロサウルス類というグループの一員です。口の先は平たく、口のなかには次から次に新しい歯が生え変わる「デンタルバッテリー」がありました。ティラノサウルス（104ページ）におそわれたあとのある化石も見つかっています。

111

109

やわらかい卵を産んでいた？
プロトケラトプス

角竜類

T-RIDE Data

PERIOD
Late Cretaceous

MODE
D mode

FORM
Land

112
Protoceratops

◆ 全長　約2m
◇ 化石産地　モンゴル、中国

角竜類ですが、目立った「ツノ」はありません。とてもたくさんの化石が見つかっていて、ヴェロキラプトル（81ページ）と格闘したままの化石もあります。恐竜類のなかではめずらしく性別を推測でき、オスは頭の後ろにある平たいフリルが大きく、メスはフリルが小さいといわれています。また、カラのやわらかい卵を産んでいたとも。今のところ、「やわらかいカラの卵」を産むとわかっている恐竜は少数です。

110

第3章 白亜紀の恐竜・古生物

カスモサウルス
Chasmosaurus

◆全長　約4.8m
◇化石産地　カナダ

角竜類

角竜類のひとつで、トリケラトプスに近い種類です。ツノはさほど大きくありませんが、フリルが広く発達していました。イラストではわかりませんが、このフリルには大きな穴があいていて、見た目ほど重くはありません。

113

パキケファロサウルス
Pachycephalosaurus

堅頭竜類

◆全長　約4.5m
◇化石産地　アメリカ

頭頂部がもりあがっていて、このもりあがりの厚さは、25cmにもおよびました。この大きな頭部は「頭突きに使うことができた」という見方と、「頭突きにはむいていないのではないか」という見方があります。

114

トリケラトプス
Triceratops

角竜類

◆全長　約8m
◇化石産地　アメリカ

体重約10トンという重量級の植物食恐竜でした。成長にともなって頭部のツノは長くなるとともに前をむくようになり、ツノの後ろのフリルは広くなりました。走るのは苦手だったらしく、また、原始的な角竜類に比べると嗅覚が弱かったという指摘もあります。

115

111

地球の歴史・後編

地球の誕生・冥王代

46～40億年前までの期間を「冥王代」とよびます。地球は約46億年前に誕生しました。宇宙のちりやガスが集まり、重力によっておたがいに引きよせられ、衝突・合体して成長した原始的な地球は、当初は高温で、表面は岩石が溶けた「火の玉地球」の状態でした。その後、地球が冷却されるにつれ、表面にかたい地殻が形成されて、大気や海洋が誕生しました。

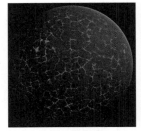

初期の地球の想像図

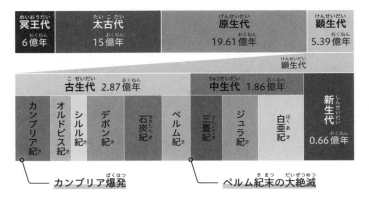

地質年代表

太古代と原生代

約40億年前からはじまる「太古代」には、最初の生命の痕跡がみられます。原始的な単細胞生物が海中に出現し、光合成をおこなうシアノバクテリアが酸素を放出するようになりました。これによって地球の大気に酸素がふくまれるようになり、酸素濃度が徐々に上昇しました。約25億年前からはじまる「原生代」には、真核生物や多細胞生物があらわれ、生命が多様化していきました。また、この時期に大陸の形成が進み、超大陸がくり返し形成・分裂しました。

古生代

　古生代のはじめには、地球上の陸地がひとつに集まったパノチアとよばれる超大陸が誕生し、その後分裂します。この時期は、「**カンブリア爆発**」によって多くの新しい形態の動物が急速に出現しました。古生代の中ごろ以降には、魚類や昆虫、両生類、爬虫類といった多様な動物群が進化し、植物も陸上に進出しました。古生代の終わりには、大規模な生物の絶滅イベント（**ペルム紀末の大絶滅**）も発生しました。

古生代の海

　古生代の終わりには、大陸が再びひとつに集まり、超大陸**パンゲア**ができました。まわりの巨大大洋はパンサラッサ海とよばれます。パンゲア大陸の中央の東には、巨大な内湾である**古テチス海**がありました。この海は中生代には大陸の分裂により、テチス海となります。

古生代の終わり〜中生代のはじめごろの地球

地球の歴史

カンブリア爆発

　カンブリア爆発は、約5億3900万年前にはじまり、その後約2000万年の間、おもに動物が急激に多様化した生物進化現象です。この時期に、海洋生物の多くの新しいグループが出現し、現存する多くの動物の祖先が短期間で進化しました。この爆発的な進化では、かたい外骨格や目、アゴ、触手などをもった多様な動物が、それまでよりはるかに複雑な生態系をもたらしました。

カンブリア紀の浅い海の動物生態系

ペルム紀末の大絶滅

　地球史上最大の生物大量絶滅イベントで、約2億5200万年前に発生しました。この絶滅イベントで、海洋生物の約96％、陸上の動植物の約70％が絶滅したとされています。原因としては、火山活動、特にシベリアの玄武岩溶岩（シベリアトラップ）の大噴火による温室効果ガスの放出、海洋の大規模な酸性化や酸素欠乏、地球規模の気候変動などがあげられます。

　この絶滅は地球の生態系や生物多様性に大きな影響をあたえ、中生代のはじめの地球環境や生物進化に影響する重要なイベントでした。

恐竜の時代「中生代」

地球は古生代ペルム紀末の大絶滅のあと、
新たな時代「中生代」へと移っていきます。
（中生代についてはP18〜19「恐竜の時代」へ）

恐竜絶滅後

新生代

地球の歴史

「新生代」は、ほ乳類と鳥類が進化と多様化をとげた時代です。特に中生代の三畳紀中ごろにあらわれたほ乳類は、恐竜の絶滅後、競争が減少した生態系のなかで、さまざまな場所に進出して多様化し、そのなかで小さな夜行性の昆虫食動物から霊長類や人類への進化が起こりました。

この時期は気候変動も活発で、特に500万年前以降は氷期と間氷期※のくり返しにより、海水面の高さが上下に変化し、海岸線の位置が大きく移動して、地形や生態系に大きな影響をあたえました。

新生代は、現代の人類文明が発展する基盤となった時代でもあります。

マンモスを狩るネアンデルタール人

※氷河時代で、氷河の多い氷期と氷期の間にはさまれた、気候が比較的温暖な時期。

アーケロン	92,93,97
アクイロラムナ	97
アパトサウルス	61
アマルガサウルス	59,103
アルヴァレツサウルス	81
アルカエオプテリクス	44,45,46,55,76
アルゼンティノサウルス	58,105
アルバートサウルス	83
アロサウルス	47,64,66,68,76,87,102
アンキオルニス	60
アンキロサウルス	100,109
アンテトニトルス	55
アンハングエラ	75,91
イー	47
イグアノドン	105
イクチオタイタン	25
イスチグアラスティア	28,36,37
インロン	69
ヴェロキラプトル	81,99,110
ヴォラティコテリウム	71
ウタツサウルス	24,25
エウディモルフォドン	37
エウロパサウルス	59
エオドロマエウス	31,34
エオラプトル	32,34
エドモントサウルス	107,108,109
オドントケリス	27,37
オフタルモサウルス	40,42
オルニトミムス	101
カストロカウダ	71
カスモサウルス	111
カマラサウルス	61,62
カムイサウルス	101
カルカロドントサウルス	
76,83,84,85,87,102	
カンブリア爆発	112,113,114
ギガノトサウルス	83
ギラッファティタン	59,70
キンボスポンディルス・ヨウンゴルム	24
グアンロン	48,49,51,54,58,80
クテノカスマ	51,53
クリオドラコン	101
クリプトクリダス	40,43
クテノカスマ	51,53
クリオドラコン	101
クリプトクリダス	40,43
クリンダドロメウス	69
クレトキシリナ	92,93,97

ケイチョウサウルス	23,26	
ケツァルコアトルス	90,101	
原生代	112	
コエロフィシス	31,33	
古生代	18,112,113	
ゴンドワナ大陸	18,75	
コンフキウソルニス	77,78,79	
コンプソグナトゥス	45,55	

さ

サウロスクス	27,30,34,35	
シアッツ	102	
ジェホロルニス	77,78,79	
ジュラマイア	71	
ショニサウルス	25	
シリンガサウルス	33	
新生代	19,115	
シンラプトル	47,56,57	
ズール	109	
スクテロサウルス	65	
スケリドサウルス	65	
スタウリコサウルス	31	
ステゴサウルス	65,67,68	
ステノプテリギウス	42	
スピノサウルス	84,85,86,87,108	
セリコルニス	55	

た

太古代	112	
ダーウィノプテルス	60	
タニストロフェウス	33	
タルボサウルス	103	
タワ	33	
中生代	18,72,113,114	
ツパンダクティルス	74,75,91	
ティアンユロング	69	
デイノケイルス	103,108	
ディプロドクス	61,62	

ティラノサウルス
30,54,64,76,80,83,87,103,104,106,
107,109

ティロサウルス	95	
ディロフォサウルス	47	
デスマトスクス	27	
テチス海	18,40,44,52,113	
トリケラトプス	106,107,111	

な

ナジャシュ	76	
ニクトサウルス	89,91	
ニジェールサウルス	103	
ニッポノサウルス	105	
ノトサウルス	22,23,26	

は

パキケファロサウルス……………107,111

パタゴティタン……………………58,105

パンゲア大陸…………18,23,28,34,113

パンサラッサ海……………………113

被子植物………………18,19,79,107

ファソラスクス……………………27

フクイプテリクス……………………76

プシッタコサウルス………………82,109

フタバサウルス……………………43,96

プテラノドン………………88,89,101

ブラキオサウルス………59,62,63,70

ブラキトラケロパン…………………51

プラコダス…………………………26

プリオサウルス……………………43

プリオプラテカルプス………………93,95

プロガノケリス………………………37

プロトケラトプス………81,98,99,110

ヘスペロルニス……………………81,93

ペルム紀末の大絶滅…23,112,113,114

ヘレラサウルス…………28,29,31,33

ボレアロペルタ……………………100,109

ま

マプサウルス………………………83

マメンチサウルス……49,51,54,56,57,58

ミクロラプトル……………………77,79

ミラガイア…………………………65

冥王代………………………………112

メガプテリギウス……………………94

メトリオリンクス……………………41,43

メラクセス…………………………83,87

モササウルス………………………93,95

や

ユティラヌス………………………80

ら

裸子植物……………………………19

ランフォリンクス……………………50,52

リードシクティス……………………42

リソウィキア………………………36

リトロナクス………………………87

リムサウルス……………48,49,51,54

リンウーロン………………………59

レッセムサウルス……………………33

レペノマムス………………………82,109

ローラシア大陸……………………18,41

122

おわりに

　私はこれまで、三畳紀後期から白亜紀の、国内外の数多くの地層が、どうやってできたのか、そこから過去の地球環境について、どんなことがわかるのかを広く調査研究してきました。残念ながら、私自身が恐竜化石を見つける機会はありませんでした。アメリカ西部、中国の四川盆地や遼寧省に山東半島、タイのコラート高原、モンゴルのゴビ砂漠、インドのデカン高原、西シベリアのケメロボ地域など、いわゆる恐竜骨格化石層や足あと化石層をいくつも間近に観察してきましたが、そもそも中生代の地層の大部分は恐竜化石など入ってはいないのです。

　この数年、日本全国各地の白亜紀層の全体像をまとめあげて、論文にしたばかりですが、恐竜が見つかる場所と層準（地層のなかでの位置）がわかっても、実際に恐竜化石を見つけるのは研究者でもむずかしいのです。しかし、この40年ほどで日本各地から恐竜化石が見つかるようになり、日本は「恐竜王国」ではないかとまでいわれることがあります。恐竜化石の発見は、ぐうぜんであることが多いですが、研究者や地元の化石収集家が、恐竜化石の産出の可能性が高い場所や層準を、注意深く調べているからなのです。

　この本にけいさいしている恐竜の世界は、実はそうした地道な調査や、手間をかけた化石のとり出し作業、さまざまな手法を使った綿密な調査、それに研究者が知恵をふりしぼった考えから公表された研究成果によるものです。わかりやすくえがかれ、解説された恐竜たちの姿の背景には、数多くのかたがたの努力があることを忘れてはならないでしょう。

　今後も恐竜研究の手法や技術が進歩し、恐竜という古生物の新たな見方が広がっていけば、この本でえがき出した『「もしも？」の図鑑』が本当の恐竜の姿にもっともっと近づいていくのでしょう。

　この本は、恐竜や古生物の著書で知られる土屋健さんとの共同作品です。土屋さんが大学院学生だったころ、北海道の野外調査で出あって以来、サイエンスライターとして成長される姿を垣間見てきましたが、この『恐竜時代の大冒険』の出版に一緒にかかわることができたことは大きな喜びです。化石少年だった私が、地球科学者として恐竜時代の地層研究から、恐竜の世界の背景や環境を考えることもでき、うれしい限りです。

2024年秋

茨城大学名誉教授

安藤寿男

参考資料

本書を執筆するにあたり、とくに参考にした主要な文献は次の通り。なお、邦訳があるものに関しては、一般に入手しやすい邦訳版をあげた。また、Web サイトに関しては、専門の研究機関もしくは研究者、それに類する組織・個人が運営しているものを参考とした。Web サイトの情報は、あくまでも執筆時点での参考情報であることに注意。

※本書に登場する年代値は、とくに断りのないかぎり、International Commission on Stratigraphy, 2023/09, INTERNATIONAL STRATIGRAPHIC CHART を使用している。

《一般書籍》

『海洋生命 5 億年史 サメ帝国の逆襲』監修：田中源吾, 冨田武照, 小西卓哉, 田中嘉寛, 著：土屋 健, 2018 年刊行, 文藝春秋

『恐竜たちが見ていた世界』協力：河部壮一郎, 田中源吾, 著：土屋 健, 2023 年刊行, 技術評論社

『古生物水族館のつくり方』監修：伊東隆臣, 古生物水族館研究者チーム, 著：土屋 健, 絵：ツク之助, 2023 年刊行, 技術評論社

『古生物動物園のつくり方』監修：佐野祐介, 古生物動物園研究者チーム, 著：土屋 健, イラスト原案：黒丸, 絵：土屋 香, 2023 年刊行, 技術評論社

『三畳紀の生物』監修：群馬県立自然史博物館, 著：土屋 健, 2015 年刊行, 技術評論社

『サピエンス前史』監修：木村由莉, 著：土屋 健, 2024 年刊行, 講談社

『ジュラ紀の生物』監修：群馬県立自然史博物館, 著：土屋 健, 2015 年刊行, 技術評論社

『生命の大進化 40 億年史 中生代編』監修：群馬県立自然史博物館, 著：土屋 健, 2023 年刊行, 講談社

『地球生命 水際の興亡史』監修：松本涼子, 小林快次, 田中嘉寛, 著：土屋 健, 2021 年刊行, 技術評論社

『ティラノサウルス解体新書』著：小林快次, 2023 年刊行, 講談社

『ティラノサウルスはすごい』監修：小林快次, 著：土屋 健, 2015 年刊行, 文藝春秋

『白亜紀の生物 上巻』監修：群馬県立自然史博物館, 著：土屋 健, 2015 年刊行, 技術評論社

『白亜紀の生物 下巻』監修：群馬県立自然史博物館, 著：土屋 健, 2015 年刊行, 技術評論社

『A Field Guide to Mesozoic Birds and Other Winged Dinosaurs』著：Matthew P. Martyniuk, 2012 年刊行, Pan Aves

『Birds of the Mesozoic』著：Juan Benito, 絵：Roc Olivé Pous, 2022 年刊行, Lynx Nature Books

『The Princeton Field Guide to Dinosaurus』著：Gregory S. Paul, 2024 年刊行, Princeton Univ. Pr.

『The Princeton Field Guide to Mesozoic Reptiles』著：Gregory S. Paul, 2022 年刊行, Princeton Univ. Pr.

『The Princeton Field Guide to Pterosaurs』著：Gregory S. Paul, 2022 年刊行, Princeton Univ. Pr.

《プレスリリース》

有田川町産出のモササウルス類は新属新種 !!, 2023 年 12 月 13 日, 和歌山県立自然博物館

《Web サイト》

4 つの翼を持つのに飛べなかった？ 新種恐竜を発見, National Geographic, 2017 年 8 月 31 日, https://natgeo.nikkeibp.co.jp/atcl/news/17/083000329/

《学術論文等》

Adam M. Yates, James W. Kitching, 2003, The earliest known sauropod dinosaur and the first steps towards sauropod locomotion, Proceedings of the Royal Society of London B, vol.270, p1753–1758

Cajus G. Diedrich, 2010, Palaeoecology of *Placodus gigas* (Reptilia) and other placodontids — Middle Triassic macroalgae feeders in the Germanic Basin of central Europe — and evidence for convergent evolution with Sirenia, Palaeogeography, Palaeoclimatology, Palaeoecology, vol.285, p287–306

Darren Naish, Andrea Cau, 2022, The osteology and affinities of *Eotyrannus lengi*, a tyrannosauroid theropod from the Wealden Supergroup of southern England, PeerJ, vol.19, e12727

David W. E. Hone, Michael B. Habib, François Therrien, 2019, *Cryodrakon boreas*, gen. et sp. nov., A Late Cretaceous Canadian azhdarchid perosaur, Journal of Vertebrate Paleontology, e1649681

David W. E. Hone, T. Alexander Dececchi, Corwin Sullivan, Xu Xing, Hans C. E. Larsson, 2022, Generalist diet of *Microraptor zhaoianus* included mammals, Journal of Vertebrate Paleontology, e2144237

Dean R. Lomax, Paul de la Salle, Marcello Perillo, Justin Reynolds, Ruby Reynolds, James F. Waldron, 2024, The last giants: new evidence for giant Late Triassic (Rhaetian) Ichthyosaurs from the UK, PLoS ONE, 19(4): e0300289

Gang Han, Jordan C. Mallon, Aaron J. Lussier, Xiao-Chun Wu, Robert Mitchell, Ling-Ji Li, 2023, An extraordinary fossil captures the struggle for existence during the Mesozoic, Scientific Reports, 13: 11221

Han Hu, Yan Wang, Matteo Fabbri, Jingmai K. O'Connor, Paul G. McDonald, Stephen Wroe, Xuwei Yin, Xiaoting Zheng, Zhonghe Zhou, Roger B. J. Benson, 2023, Cranial osteology and palaeobiology of the Early Cretaceous bird *Jeholornis prima* (Aves: Jeholornithiformes), Zoological Journal of the Linnean Society, vol.198, p93–112

Humberto G. Ferrón, Borja Holgado, Jeff J. Liston, Carlos Martínez-Pérez, Héctor Botella, 2018, Assessing metabolic constraints on the maximum body size of Actinopterygians: Locomotion energetics of *Leedsichthys problematicus* (Actinopterygii: Pachycormiformes), Palaeontology, vol.61, Issue 5, p775-783

Jingmai O'Connor, Xiaoli Wang, Corwin Sullivan, Xiaoting Zheng, Pablo Tubaro, Xiaomei Zhang, Zhonghe Zhou, 2013, Unique caudal plumage of *Jeholornis* and complex tail evolution in early birds, PNAS, vol.110, p17404-17408

Jun Liu, Shi-xue Hu, Olivier Rieppel, Da-yong Jiang, Michael J. Benton, Neil P. Kelley, Jonathan C. Aitchison, Chang-yong Zhou, Wen Wen, Jin-yuan Huang, Tao Xie, Tao Lv, 2014, A gigantic nothosaur (Reptilia: Sauropterygia) from the Middle Triassic of SW China and its implication for the Triassic biotic recovery, Scientific Reports, 4: 714

Lindsay E. Zanno, Peter J. Makovicky, 2013, Neovenatorid theropods are apex predators in the Late Cretaceous of North America, Nature Communications, 4: 2827

Martin Sander, Eva Maria Griebeler, Nicole

Klein, Jorge Velez Juarbe, Tanja Wintrich, Liam J. Revell, Lars Schmitz, 2021, Early giant reveals faster evolution of large body size in ichthyosaurs than in cetaceans, Science, vol.374, p1578–1583

Rafael Delcourt, 2018, Ceratosaur palaeobiology: New insights on evolution and ecology of the Southern Rulers, Scientific Reports, 8: 9730

Romain Vullo, Eberhard Frey, Christina Ifrim, Margarito A. González González, Eva S. Stinnesbeck, Wolfgang Stinnesbeck, 2021, Manta-like planktivorous sharks in Late Cretaceous oceans, Science, vol.371, p1253-1256

Saradee Sengupta, Martín D. Ezcurra, Saswati Bandyopadhyay, 2017, A new horned and long-necked herbivorous stem-archosaur from the Middle Triassic of India, Scientific Reports, 7: 8366

Sterling J. Nesbitt, Nathan D. Smith, Randall B. Irmis, Alan H. Turner, Alex Downs, Mark A. Norell, 2009, A complete skeleton of a Late Triassic Saurischian and the early evolution of Dinosaurs, Science, vol.326, p1530-1533

Susan R. Beardmor, Heinz Furrer, 2017, Land or water: using taphonomic models to determine the lifestyle of the Triassic protorosaur *Tanystropheus* (Diapsida, Archosauromorpha), Palaeobiodiversity and Palaeoenvironments, DOI 10.1007/s12549-017-0299-7

Takuya Imai, Yoichi Azuma, Soichiro Kawabe, Masateru Shibata, Kazunori Miyata, Min Wang, Zhonghe Zhou, 2019, An unusual bird (Theropoda, Avialae) from the Early Cretaceous of Japan suggests complex evolutionary history of basal birds, Communications Biology, 2: 399

Takuya Konishi, Masaaki Ohara, Akihiro Misaki, Hiroshige Matsuoka, Hallie P. Street, Michael W. Caldwell, 2023, A new derived mosasaurine (Squamata: Mosasaurinae) from south-western Japan reveals unexpected postcranial diversity among hydropedal mosasaurs, Journal of Systematic Palaeontology, 21:1, 2277921

Tomasz Sulej, Grzegorz Niedźwiedzki, 2018, An elephant-sized Late Triassic synapsid with erect limbs, Science, 10.1126/science.aal4853

Ulysse Lefèvre, Andrea Cau, Aude Cincotta, Dongyu Hu, Anusuya Chinsamy, François Escuillié, Pascal Godefroit, 2017, A new Jurassic Theropod from China documents a transitional step in the macrostructure of feathers, The Science of Nature, 104: 74

Xing Xu, Paul Upchurch, Philip D. Mannion, Paul M. Barrett, Omar R. Regalado-Fernandez, Jinyou Mo, Jinfu Ma, Hongan Liu, 2018, A new Middle Jurassic Diplodocoid suggests an earlier dispersal and diversification of Sauropod Dinosaurs, Nature Communications, 9: 2700

監修 & 著者プロフィール

● 監修者

安藤寿男（あんどう・ひさお）

茨城大学名誉教授（理学部）。早稲田大学教育学部地学専修（現地球科学専修）卒業後、東京大学大学院理学系研究科で理学博士を取得（専門は、地質学・堆積学・古生物学）。早稲田大学助手を経て、茨城大学理学部地球環境科学コースで30年勤め上げ、現職。UNESCOの研究プログラムの地質科学国際研究計画（IGCP608）「白亜紀のアジア―西太平洋地域の生態系システムと環境変動（2013-2018）」のリーダーとして東アジアの白亜紀研究に従事。地質・古生物に関する論文多数、著書として『古生物学の百科事典』（共同執筆、平凡社）、監修に『地球46億年の旅』（朝日新聞出版）などがある。

● 著者

土屋健（つちや・けん）

サイエンスライター。オフィス ジオパレオント代表。金沢大学大学院で修士（理学）を取得（専門は、地質学・古生物学）。その後、科学雑誌『Newton』の編集記者、部長代理を経て現職。2019年、日本古生物学会貢献章を受賞。とくに古生物に関する著書多数。近著に『ずかん 古生物のりれきしょ』（技術評論社）などがある。

127

編集協力・デザイン	合同会社ミカブックス
イラスト	川崎悟司
漫画	多田あゆ実
装丁	柿沼 みさと

「もしも？」の図鑑　恐竜時代の大冒険

2024年11月26日　初版第1刷発行

監　修	安藤寿男
著　者	土屋健
発行者	岩野裕一
発行所	株式会社実業之日本社
	〒107-0062 東京都港区南青山6-6-22 emergence 2
	【電話】（編集）03-6809-0473　（販売）03-6809-0495
	実業之日本社のホームページ　https://www.j-n.co.jp/
印刷所	三共グラフィック株式会社
製本所	株式会社ブックアート

©Ken Tsuchiya, Satoshi Kawasaki, Mikabooks 2024 Printed in Japan
ISBN978-4-408-65117-0（第二書籍）

本書の一部あるいは全部を無断で複写・複製（コピー、スキャン、デジタル化等）・転載することは、法律で定められた場合を除き、禁じられています。
また、購入者以外の第三者による本書のいかなる電子複製も一切認められておりません。
落丁・乱丁（ページ順序の間違いや抜け落ち）の場合は、ご面倒でも購入された書店名を明記して、小社販売部あてにお送りください。送料小社負担で
お取り替えいたします。
ただし、古書店等で購入したものについてはお取り替えできません。
定価はカバーに表示してあります。
小社のプライバシー・ポリシー（個人情報の取り扱い）は上記ホームページをご覧ください。